JN064261

コンピュータ・ネットワーク入門

［第2版］

小林孝史 著

ムイスリ出版

第2版の刊行にあたって

2019 年夏より再びアメリカへ在外研究に出かけたものの，その半年後に新型コロナウイルスの感染拡大に見舞われてしまいました．お世話になっていた大学も完全オンライン授業となり，自宅での活動を余儀なくされました．あらためて，コンピュータ・ネットワークの重要性や有用性を実感したところです．

滞在していたのはニューヨーク州．日本とはほぼ半日の時差があり，10,000km の彼方から日本に残してきたゼミの学生の指導をするにもビデオ会議システムが役に立ち，ほとんど時間遅れを感じずに利用することができていて，何人もの学生と同時に接続してもほとんど問題は起きませんでした．技術の進歩は凄まじいもので，数年前の状況からは考えられない安定性でした．帰国後は，そのビデオ会議システムにより，リアルタイムでオンライン実習も行うことができています．

一方で，いろいろなツールの使い方に苦労しているという話も聞きます．コロナウイルスという外圧によって急激に世の中の仕組みが変わっていること，特にコンピュータ・ネットワークを使ってリモートワークや遠隔授業など，これまで意識的にコンピュータ・ネットワークを使って生活をしてこなかった層にも，急激な変化が押し寄せてきていて，「新しい日常」がコンピュータ・ネットワークを用いて実現していっています．私自身は「コンピュータ・ネットワークの分野で仕事をしていてよかった」と思うと同時に，コンピュータやネットワークの技術についての知識はますます重要になっていること，よくわからないものではなく，生活や仕事をする上での重要な基盤になっていて，どのように役に立っているかということを伝えていく必要があると感じました．

ムイスリ出版　橋本豪夫社長はじめ編集部のみなさまより帰国の直前に本書の改訂のお話をいただき，帰国後の忙しさ・オンライン授業等の対応のなか，なんとか修正原稿の仕上げに漕ぎ着けました．

　改訂版から既に3年半が経過し，本書で触れている内容は大きくは変わっていませんが，世の中の情勢が変化している部分があります．本書で触れているさまざまな規格についてもかなりのアップデートがありました．参考文献も刷新し，できるだけ新しい資料を参考にしています．コンピュータ・ネットワークの分野への入り口として本書を利用され，より専門的な段階を目指してもらえれば幸いです．

　この第2版の執筆に際し，関西大学総合情報学部　小林ゼミの東　柚希君には学生の視点から本書の内容について細かいチェックをしてもらいました．そのおかげもあり，学習者にとって難解な部分や表現の曖昧な部分の見直しをする必要性があることが認識できました．ここに記して，感謝の意を表したいと思います．

　2021年7月

摂津峡の地にて

小林孝史

まえがき

　コンピュータ・ネットワークはこの 25 年の間に随分と身近なものとなりました．著者の世代は，うまく繋がったり繋がらなかったりするネットワークと「闘い」ながら，コンピュータの性能を有効に活用したり，ネットワーク機能をうまく使っていこうとしていました．最近では，うまく繋がることの方が多く，より細かな設定を施す必要がなくなっており，ネットワーク機器を購入して，設置するだけですぐに利用できるような状態にまでなっています．非常に便利になり，消費者としては好ましい限りです．

　しかし，ネットワークの運営を行ったり，情報システムの維持管理を行う場面では，一般消費者のように，利用できてよかった，というだけでは済まないことがあります．トラブル等の早期解決のために，ネットワーク同士がどのように繋がっているか，情報システムがネットワーク上でどのような構成になっているか，管理者や運営者として知っておかなければならないことがいくつもあります．著者自身は，これらの知識を 25 年ほどかけて蓄積してきましたが，学生たちにはそのような時間がありませんから，これらの知識をできれば短期間で習得できるようにしておきたい，という思いがあります．

　近年，経済情勢の急速な変化にともなった就職率の悪化は落ち着きを取り戻していますが，2020 年東京オリンピック・パラリンピックに向けた準備として，情報技術・セキュリティ技術を備えた人材の確保が急務となっています．就職活動の必須アイテムではありませんが，情報技術関係の資格を取得する学生も多く見られるようになっていますし，資格取得のためのいろいろな面でのサポートを行っている大学もあると伺っています．そういった資格取得の勉強の足場を作りたい，という思いや，上記のような背景から本書の執筆にとりかかりました．私自身のこれまでの経験や専門性も加味しつつ，コンピュータ・ネットワークの基礎的な事項として，最低限備えておいてほしいことを盛り込んだつもりです．多少難解な部分があるかと思いますが，それも「最低限」のうちだととらえて読み進めていただければと思います．

　第 1 章から第 3 章では，コンピュータとコンピュータ・ネットワークの歴史的な背景から，現在のインターネットで起きていることまでざっと解説しています．第 4 章からインターネットで使われている技術の解説に入ります．第 5 章では日々のさまざまな検索に用いられているネットワークアプリケーションである WWW について，第 6 章では WWW 上で展開されている Web アプリケーションについて，第 7 章では悪意のあるソフトウェアについて解説しています．

　そして，第 8 章から我々の普段の利用の場面ではほとんど目にすることのない，コンピュータの内部やネットワーク上で行われていることについて解説しています．

　第 9 章ではインターネット層のプロトコルについて，第 10 章ではインターネット層プロトコルが利用する経路制御について，第 11 章ではネットワークインタフェース層のハードウェア周りのプロトコルについて解説をします．

　第 12 章ではファイアーウォールや侵入検知システムなど，トランスポート層やインターネット層にまたがるネットワーク・セキュリティについて，第 13 章ではネットワーク・アプリケーション・プロトコルについて解説します．これらのネットワークを利用するアプリケーションを作成するうえで必要になるプログラミングについて第 14 章でサンプルプログラムを例に解説します．そして，第 15 章ではセキュリティに関する教育について解説します．

　本書全体を通じて基礎的な内容に留める，とはいうものの，英語名称，略称などを避けて通ることはできませんでした．巻末に情報技術やコンピュータ・ネットワークに関する参考文献を掲載していますが，訳書のものもあります．とりあえずの参考には日本語の文献を利用していただき，必要に応じて原書に触れていただければと思っています．文学作品のように難しい構文が使われているわけではないので，きっと読みやすいものであると思います．

　さて，本書の執筆にあたり，ムイスリ出版の橋本豪夫社長には大変にお世話になりました．原稿の執筆状況が芳しくなくても，いつも微笑ましく待っていただきました．ここに記してお詫びとお礼申し上げます．また，原稿の執筆にあたっては，関西大学総合情報学部小林ゼミのメンバーに手助けをし

てもらいました．特に，大学院生山田幸太郎君，学部生丹羽絢也君には，原稿の執筆段階から文章のチェック，図表の準備等をしてもらいました．ここに記して感謝の意を表したいと思います．

　最後に，本書の執筆等で週末を潰してしまっても文句の1つも言わなかった妻と娘に感謝します．

2017年7月

摂津峡の地にて

小林孝史

目 次

第1章

コンピュータ・ネットワークとインターネット

　パーソナルコンピュータが登場して 40 年を迎えようとしています．電子計算機と呼ばれた時代から，コンピュータはその当時から人の代わりに計算をしてくれるだけでなく，実にさまざまな作業の補助ができるようになりました．文書作成，会計，実験など，人が手作業で行うと相当な時間のかかることを瞬時にこなしてくれます．

　また，コンピュータを単独で使用していた時代は終わろうとしています．コンピュータを動かす以外の機能がコンピュータ・ネットワークの「向こう側」にあり，それをコンピュータ・ネットワークを通じて利用したり，コンピュータに導入されていないアプリケーション・ソフトウェアを，コンピュータ・ネットワークを通じて利用したりすることができるようなものも既に存在しています．さらに，コンピュータを動かす機能自体をネットワークからダウンロードするものも1990年初頭には一部の利用形態として存在しており，近年その利便性が見直されようとしています．

　このような背景には，コンピュータとコンピュータ・ネットワークの発展の歴史があります．当然ながら，いきなり現在のようなコンピュータの利用形態になったわけではありません．この章では，コンピュータとともに発展してきたネットワーク利用の利点と欠点，コンピュータ・ネットワークとインターネットの違いについて解説します．

1.1　コンピュータの発展とネットワークの利用

　現在，コンピュータの能力は非常に高いものになっています．最近の **CPU**（Central Processing Unit：**中央演算装置**）では，**コア**と呼ばれる CPU の本体

と呼ぶべきものが複数個パッケージ化されており，複数の仕事を同時にこなすことができる性能を持ったものが主流になっています．しかし，いきなりこのように高性能なコンピュータが成立したわけではなく，徐々に高性能化してきました．過去には，ネットワークを意識したもの，そうでないもの，さまざまなコンピュータが存在しましたが，現在では，ネットワーク利用を考えていないコンピュータはほとんど存在しません．その理由として，コンピュータそのものがネットワーク機能も含めた部品を使って構成するようになっていることと，ネットワークに接続するための敷居が非常に低くなってきていることなどを挙げることができます．

　コンピュータそのものについては，真空管を使った第1世代型のコンピュータに始まり，ほぼ現在と同じ構成となった第4世代型のコンピュータまで，年代とともに発展してきました．先に述べたように，現在では，複数個のコアを内蔵したCPUを使ったコンピュータが主流になりつつあり，非常に高性能なものになっています．

表 1.1　コンピュータの構成要素の歴史

世　代	構成要素（年代）
第1世代	真空管（〜1958）
第2世代	トランジスタ（〜1963）
第3世代	IC（〜1979）
第4世代	VLSI（1980〜）

　コンピュータ・ネットワークの歴史は，このコンピュータの発展の歴史とも関係があります．第2世代型のトランジスタを利用したコンピュータの開発以降，人の処理能力を大きく上回る性能を持ったコンピュータが台頭してきます．その頃のコンピュータの所有者は，政府，軍，金融機関など非常に大きな財政基盤を持った組織に限られており，その組織内でのコンピュータ

処理を担ってきました．また，大規模な地方自治体でも，コンピュータを使った事務処理を行うようになってきます．特に，金融機関では，かなり早い段階で為替取引や海外送金のための銀行間ネットワークなどが構築されており，実際に紙幣・貨幣を動かすことなく，電子的な取引を行うことができるようになりました．ここにもコンピュータ間のネットワークが使われていたことになります．

1.2 ネットワーク化することの利点

コンピュータ同士を結ぶことの利点は一体何でしょうか？　人と人との関係を考えてみるとよいかもしれません．人は1人1人の能力は限られていますが，「3人寄れば文殊の知恵」「1本の矢は細くて折れやすいが，3本の矢は太くて折れない」と言われるように，人が集まって共同作業をすることによって，1人ではできないこともみんなでやればできるようになることが多いものです．ここで例に挙げた「人」を「コンピュータ」に置き換えても，ほとんど同じことが言えます．

元々，コンピュータは人の活動を支援するために作られたものであり，その能力は人のそれを超えている部分がありますが，コンピュータ同士を結んでネットワーク化することで，人の能力をさらに超越した能力を発揮できるようになります．例えば，計算能力であれば，1つのコンピュータでは300日かかるような計算も，100台集まれば3日で済むようになったり，1つのコンピュータでは1TB（テラバイト＝1兆バイト）しか保存できないデータも，100台集まれば100TBも保存できたりするようになります．

また，利用者自身が持っているコンピュータの能力が貧弱でも，ネットワーク上にある，より高性能なコンピュータに遠隔接続して利用することにより，必要な計算や作業を自分のコンピュータで行うよりもはるかに速く行うことができるようになります．このようなことは，1990年以前でもできるようになっていたことであり，さほど目新しさはありませんが，ネットワーク上のコンピュータにインストールされているソフトウェアを遠隔利用するということもできるようになっています．例えば，そのソフトウェアが非常に

高価で，一般的な利用者は所有することができないようなものでも，ネットワーク上にあるコンピュータにそのソフトウェアがインストールされている場合，ネットワークを利用してそのソフトウェアを利用することが可能になります．遠隔利用の拡大にあわせて，サブスクリプション契約という，ソフトウェアパッケージ等をまとめてお得に利用できる，月単位または年単位の利用契約も増えてきています．

1.3 ネットワーク化することの欠点

　ここまで，コンピュータをネットワーク化することの良い面を述べてきました．しかし，ネットワーク化することによって困った事態を引き起こすこともあります．本節ではそのようなことについて説明します．

　まず，コンピュータ同士を結ぶことにより，相手のコンピュータ内の資源を利用できるだけでなく，コンピュータの設定によっては，自分のコンピュータ内の CPU などの資源を相手に利用されるということです．この状況が意図的なものであればよいのですが，ソフトウェア上の不具合等によって意図的でない利用ができてしまう場合があります．ネットワークに接続されていなければ，自分以外の利用者が自分のコンピュータ内の資源を利用することは起こり得ませんが，ネットワークに接続していることでこういったことが発生する可能性があります．

　次に，ネットワーク上の 1 つのコンピュータの不具合が原因で，ネットワーク全体に影響を及ぼしてしまう可能性があることです．そのコンピュータが接続されているネットワークだけではなく，所属している組織のネットワーク全体や，もっと広い範囲で，インターネット全体に影響を与えてしまう可能性もあります．第 7 章でも触れますが，最近のコンピュータウイルスやワームは，ネットワークを通じて自分自身のコピーを伝搬しようとする傾向にあります．電子メールを介して伝搬するもの，それ以外のネットワーク通信を利用して伝搬しようとするものなど，さまざまな方法で伝搬しようとしますが，伝搬する先は 1 箇所であったり世界中に無差別にばらまいたりすることもあります．このような状況になると，1 台のコンピュータの問題では

なく，世界中の問題となってしまうので，コンピュータウイルスの感染には注意しなければなりません．

　続いて，ネットワークそのものにトラブルが発生した場合，そのネットワークに接続しているコンピュータが使えなくなる可能性があります．「ネットワークそのもの」というのは，ネットワークの物理的な回線やネットワーク機器のことを指しています．物理的な回線が何らかの理由で切断されてしまうと，そのネットワークは全く使えなくなります．予備の回線が敷設されていればそれに切り替えることでネットワーク接続を回復することはできますが，財政上の都合・システムの重要度の都合により，予備回線が用意されていないこともあります．その場合は，トラブルの発生した回線が復旧するまでネットワークを利用することはできません．

　ネットワーク機器についても同様で，物理的な装置の故障も考えられますし，最近のネットワーク機器はソフトウェアで制御していることもあり，そのソフトウェアの不具合でネットワーク機器にトラブルが発生する可能性もあります．これらの場合も，ネットワーク機器の状態を正常に戻すまでの間，それらに接続されているネットワーク全体，もしくは一部のネットワークが使用できなくなります．このように基盤となるネットワークそのものにトラブルが発生すると，そのトラブルが解消するまでの間，そのネットワークに接続されたコンピュータ等はネットワーク機能が使えないだけでなく，ネットワークを利用したサービスの利用もできなくなります．コンピュータを利用する際のユーザー認証において，ネットワーク型の認証システムを利用している場合，ネットワークを利用できないことで認証を行うことができなくなる，つまり，コンピュータそのものも利用できないということになります．

　このようにネットワーク化することのマイナス面もさまざまなものが考えられますが，これらは可能性の問題でもあります．1995 年頃にはネットワークのトラブルが頻発して日々の作業や業務に影響が出ることも多くありましたが，近年ではそのようなことも少なくなり，かなり使いやすいネットワークになってきています．

　もちろん，トラブルが発生する確率はゼロではないので，そのネットワーク機能の重要度に応じた復旧プランは必要です．こういった復旧プランのことを **BCP**（Business Contingency Plan：業務継続計画）と呼んでいます．元々，BCP は情報システムに関係なく，色々な業務の継続計画のことを指しているため，情報システムやネットワークに対する BCP を **IT 版 BCP** と呼ぶこともあります．

1.4 コンピュータ・ネットワークの分類

　コンピュータ・ネットワークにはさまざまな種類のものがあり，幾つかの観点からそれらを分類することができます．ネットワークの規模, 交換方式,コネクションの有無，通信方式による分類などです．

1.4.1 規模による分類

　人の組織に大小があるように，ネットワークにもその規模の大小があります．小さい方から，PAN（Personal Area Network），LAN（Local Area Network），MAN（Metropolitan Area Network），そして WAN（Wide Area Network）です．

　PAN は，個人レベルで使用する規模のもので，距離は数メートルから 10数メートルの範囲でのネットワークを指しています．コンピュータのワイヤレスキーボード，マウスといった周辺機器では, Bluetooth（ブルートゥース），赤外線などの無線技術を使っています．これらの機器は「個人」での使用を考えて作られたもので，不特定多数の利用者で共有するといったことは考慮されていません．そのような機能が必要であれば，次の LAN の技術を使うべきです．

　LAN は，組織内の規模のコンピュータ等を結ぶためのネットワークで，LAN 同士を接続してより大きな組織のネットワークにすることもできます．**MAN** は，都市間ネットワーク，**WAN** はさらに大きな国家間のネットワークと言えます．ここで説明する規模は，その昔，ネットワークの規模に合わせて，異なるネットワーク接続手順を使用していた頃の名残によるものです．現在では，一般的なネットワークではその規模に依らず，中規模なネットワ

ークに相当する LAN の技術を用いることが多くなっています．したがって，MAN はネットワークの規模として使われることはなく，WAN についても LAN の技術を用いて構築されています．また，WAN は**バックボーンネットワーク**とも呼ばれることもあり，組織の中での基盤ネットワークを指したり，組織間で共通して用いられるネットワークを指したりすることもあります．

1.4.2 交換方式による分類

ネットワークを流れるデータのことを**フレーム**や**パケット**と呼びます．それらのフレームやパケットの流れのことを**フロー**と呼びます．こうしたフレームやパケットは闇雲に流れているわけではなく，一定の規則に従って流れて（転送されて）いきます．

この転送のために，送信元から宛先までの仮想的な回路（通信路）を作る方法を**回線交換方式**と呼びます．回線交換方式では，あらかじめ送信元から宛先までの交換機内の回線を順に確保するため，途中の交換機の一部を占有します．別の送信元から別の宛先への回線が必要になれば，またその経路のための交換機の一部が占有されていきます．そうして，交換機で収容できる回線の容量を超えると，それ以上の回線の確保ができなくなり，それ以上の通信ができなくなります．

電話も回線交換方式を採用しています．電話をかけると，相手先までの回線を確保し，相手が電話に出ると音声通信が開始されます．電話をある1箇所に集中してかけるような状況を考えてみましょう．例えば，コンサートなどの予約のためにチケット販売の代表電話にかけるような場合です．予約時間開始までは電話をかけても繋がりませんが，開始時間になると回線が開いて電話を受け付けるようになります．しかし，先ほど指摘した問題点のように，交換機はある一定の回線数しか収容できませんので，先に回線を確保した電話回線が開放されるまでの間は回線を確保することができません．それで，電話をかけた側には「たいへん繋がりにくい状態になっております・・・」というメッセージが流れてくるわけです．

もう1つの交換方式としては，**パケット交換方式**があります．これは，ネットワークを流れているパケットをバケツリレーする方式で，パケットに記

述されている宛先に従って，リレー（中継）する交換機を決定し，その交換機にパケットを転送します．次の交換機も宛先を読み取って別の交換機等に転送していきます．この方式であれば交換機で回線を確保することはありませんので，いくらでも送れるということになりますが，パケット交換機には単位時間あたりの転送可能なパケット数があり，それを超えてパケット交換を行うことはできません．最近のパケット交換機はスイッチと呼ばれることが多く，転送可能なパケット数のことをスイッチング容量と呼ぶこともあります．インターネットでは，このパケット交換方式が用いられています．

1.4.3 コネクションの有無による分類

　回線交換方式において，送信元から宛先までの回路（通信路）を確保することについて述べました．このように送信元から宛先までの通信路を確保し，そのうえでデータを送受信する方式を**コネクション型通信方式**と呼びます．あらかじめ通信路を確保することによって，第 3 者が通信内容を横取りできないようにしたり，通信相手を認証する目的に使ったりすることができます．通信路が用意されていることで，データの受取確認や届いていないデータの再送要求などを送ることもできるようになります．

　一方，送信元から宛先までの通信路を確保せず，いきなりデータを送信する方式も存在します．これを**コネクションレス型通信方式**と呼びます．この場合は，通信路が確保されていませんので，その応答を送ることができません．しかし，仕組みが単純なために，高速なデータ転送を実現できることから，音声・映像などのマルチメディアデータの転送に適しているとされています．

1.4.4 通信方式による分類

　交換方式のところでも述べましたが，宛先までの回線を予約すること，または宛先を指定して通信を行う方式にも名前が付いています．このような方式を**ユニキャスト通信方式**と呼びます．これに対して，特定のグループに所属している不特定多数の宛先に対して送信する方式を**マルチキャスト通信方式**と呼びます．この他にも，所属するネットワークに接続されているネット

ワーク機器全体を宛先とする**ブロードキャスト通信方式**，複数の機器が同じ
宛先として設定されていて，最も近い機器がそれに応答する**エニーキャスト
通信方式**もあります．

1.5 コンピュータ・ネットワークとインターネットの違い

　コンピュータとコンピュータを結ぶもの，それがコンピュータ・ネットワ
ークです．コンピュータとコンピュータの間には回線だけでなく，別のネッ
トワーク機器が備え付けられることもあります．物理的な通信回線を使った
ネットワーク，それらの通信回線の中に複数のネットワークを収容した論理
的なコンピュータ・ネットワーク，さらに物理的には存在しない，仮想的に
作り上げられたコンピュータ・ネットワークまで存在します．

1.5.1 コンピュータ・ネットワーク

　最小のコンピュータ・ネットワークは，コンピュータを 2 台接続すればで
きあがりです．コンピュータが 2 台であれば 1 対 1 の直接接続をするしかあ
りませんが，コンピュータを含めたネットワーク機器が 2 台を超えると，そ
れらを接続するために，さまざまな方法を採ることができるようになります．
しかし，そのネットワークを使って通信を行うためには，これらのネットワ
ーク機器が同じ通信手順を用いる必要があります．その通信手順のことを**通
信プロトコル**と言います．コンピュータ・ネットワーク上で用いることがで
きる通信プロトコルの代表的なものが，**TCP/IP プロトコルスイート**と呼ば
れるインターネットで用いられている技術の集まりです．

1.5.2 TCP/IP が普及する以前

　TCP/IP が一般に普及する以前は，コンピュータの種類ごとにさまざまな
通信プロトコルが使われていました．例えば，MS-DOS というコンピュータ
の OS（オペレーティングシステム）では，ネットワークの機能が全くなか
ったため，Netware というソフトウェアを用いて，ファイル共有やプリンタ
共有を行っていました．Apple の Macintosh では，AppleTalk という手順を用
いて Macintosh 間のファイル共有・プリンタ共有を行っており，メインフレ

ーム（大型計算機）や机の横に置ける程度の大きさになったオフコン（オフィスコンピュータ）では各社独自の通信プロトコルで端末を接続していました．これらのコンピュータ・ネットワークでは，物理的なネットワークは同じものを利用することができましたが，それぞれ通信プロトコルが異なるために，相互通信ができない，という状況になっていました．

1.5.3 TCP/IP の普及期以後

　現代のコンピュータ・ネットワークと言えば，事実上，TCP/IP プロトコルスイートを使ったコンピュータ・ネットワーク，つまり Internet ということになります．TCP/IP が一般に普及する以前にあった通信プロトコルの一部には，まだ現役で使われているものもあります．

　Microsoft の WindowsNT や IBM の OS/2 といったネットワーク対応型の OS が発売されて以降，ファイル共有やプリンタ共有の機能を OS 内に持つものが増えてきたこともあり，Netware という名称での製品は消え，同等の機能を持つ Linux 製品へ引き継がれています．

　AppleTalk については，一時期 TCP/IP ネットワーク上で使えるようにしたこともありましたが，macOS では，TCP/IP と同等またはそれ以上の機能を持つように再構築され，別の名称の通信プロトコルとして機能しています．しかしながら，古い Macintosh もいまだに使われているような場所では，TCP/IP と直接の通信ができないので，AppleTalk を TCP/IP の手順に変換して通信するようなことが行われています．これも通信プロトコルの延命策の 1 つです．

　メインフレームについては，各社独自の通信手順での端末接続には変化がありませんが，その通信手順を TCP/IP ネットワーク上で使えるようにすることで，端末をメインフレーム専用ではなく，TCP/IP を通信プロトコルとして使用しているものと共存できるようにしています．

章末問題

1. 現在利用しているネットワークサービス等で，ネットワークを使わない
   場合の実現方法について考察せよ．

2. コンピュータ・ネットワークを使うための通信プロトコルとして，本文
   中で説明したもの以外にどのようなものが存在しているか，または過去
   に存在していたか，調査せよ．

3. 個人レベルで使用する機器のネットワーク化に用いられている方式・規
   格について，その特徴などを調査せよ．

第**2**章

アプリケーションプログラムとコンピュータ

　現在のコンピュータは，数多くのプログラムが動作して 1 つのコンピュータとして機能しています．この仕組みは長年変わってこなかったのですが，ネットワークを利用したコンピュータの割合が増えてきています．

　情報はコンピュータの中に存在するもの，と考えがちですが，ネットワークを利用したコンピュータの場合は，情報はネットワークの中に存在します．そのようなネットワーク上にある情報を操作するためには，手元のコンピュータではなく，ネットワーク上にあるプログラムを利用しなければなりません．

　また，アプリケーションプログラムもネットワーク上に存在するケースが増えてきています．これまで，コンピュータ内にしか存在しなかったようなアプリケーションも，ネットワーク上でサービスとして利用できるようになってきているのです．

　本章では，コンピュータの利用法の変化，アプリケーションの変化，それらにまつわる不具合についての概略について解説します．

2.1 コンピュータの利用法の変化

　第 2 次世界大戦後の ENIAC，EDVAC などの大型計算機では，まだトランジスタは用いられておらず，真空管という素子を用いた構成でした．ENIAC は 1 万 8 千本の真空管を用いた計算機で，重さが 30t 程度あったと言われています．そのような大型計算機では，異なる計算をするたびに回路の結合を変更しなければならないという煩雑さがありました．

図2.1　ENIAC

出典：『Information,Daten und Signale Geschichte technischer Information』
Deutsches Museum1987 より

　その後に現れてきた，いわゆるフォンノイマン型の計算機では，計算機の
構成は変化せず，計算機に読み込ませる「プログラム」を変更することで異
なる計算が実行できるようになりました．この構成は現在のコンピュータで
も採用されており，プログラムを入れ替える，もしくは追加するだけで異な
る作業ができるようになっています．本節では，フォンノイマン型のコンピ
ュータの利用法の変化について解説していきます．

2.1.1　計算機の小型化

　最初のフォンノイマン型の計算機 EDSAC が開発された当時，ENIAC より
も小型でしたが，その規模は相当に大きなもので，専用の部屋を1つ占有し
てしまうくらいの大きさでした．

　計算機を小型化するには，それを構成する部品を小型化する必要がありま
すが，その小型化に最も貢献したのはトランジスタに代表される素子の小型
化でしょう．真空管からトランジスタ，トランジスタから集積回路（IC：
Integrated Circuit），集積回路をさらに大規模化した VLSI（Very Large Scale
Integration）などのように，素子のサイズを小さく，かつそれを大規模に集積

して 1 つのチップを構成できるようになってきています．1980 年代に既に 32bit CPU が開発され，その際に IBM から PC/AT 型コンピュータが販売されて以降，一般に入手可能なコンピュータは PC/AT 互換機の延長線上にあり，その基本構成はほとんど変わっていません．現在では 64bit CPU が主流で，より大きなデータを処理できる能力を持てるようになってきています．

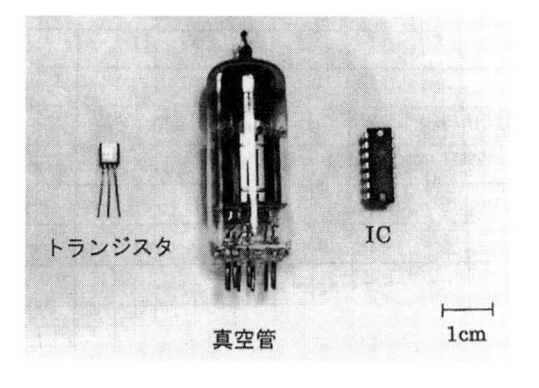

図 2.2　トランジスタ，真空管，IC

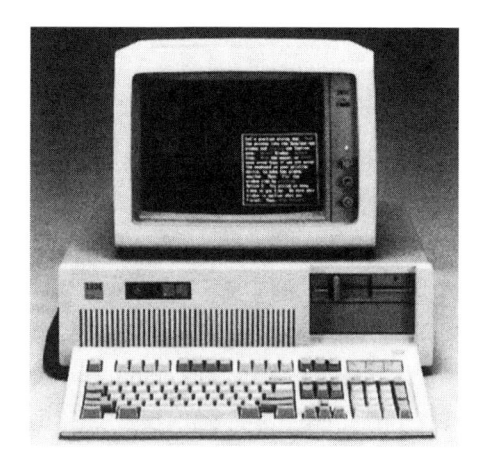

図 2.3　IBM PC/AT

提供：日本 IBM

　大きさについては，大型計算機からオフコン，ミニコンと小型化（ダウンサイジング）していき，現在では手のひらに載るサイズ（スマートフォンももはやコンピュータと呼んでよいでしょう）にまで小さくなっています．大型計算機では年間数億円の維持費用がかかりますので，所有することができたのは政府・銀行などの組織しかありませんでしたが，現在では一般に入手可能なコンピュータは個人で気軽に購入できる価格帯にまで値下がりしています．

2.1.2 利用形態の変化

　コンピュータの利用形態に目を向けてみると，大型計算機全盛時代では，端末利用による時分割システム（TSS：Time Sharing System）を使った逐次処理や，カードやテープによるバッチ処理などで結果は印刷物で確認する，といった複数の処理を同時に行う利用形態となっていました．しかし，大型計算機の運用時間が限定されることや，ジョブの実行待ち時間が存在することなどがあり，より利便性の高いコンピュータシステムが望まれました．この後に，オフコン，ミニコン，パーソナルコンピュータが出現することになり，利用形態も個人占有利用へと変わっています．価格が下がったこともありますが，利用上の理由から大型計算機離れが進んでいると言えるかもしれません．

　また，大型計算機などの「枯れた技術」を使用したシステムを**レガシーシステム**と呼んでおり，特殊なハードウェア，ソフトウェアを必要とする大型計算機などで構築されてきたシステムを，広く一般に普及している技術やソフトウェア，ハードウェアを使った**オープンシステム**へ移行する**レガシー・マイグレーション**が課題となっています．既にレガシーシステムを刷新して，すべてオープンシステムへ移行できている組織も存在します．長らく大型計算機を利用してきた金融機関でさえ，オープンシステム化しているという現状もあり，今後ますますオープン化が進むことと思われます．

　その際に使用するシステム環境として，一般に広まっている OS やソフトウェアを使ったシステムでよいのか，という問題もあります．一般に広まっている OS やソフトウェアは，利用する人にとっては普段から使い慣れてい

る環境であるために，利用する敷居が低い利点がある反面，あまりにも知られすぎていて，弱点なども明らかになりすぎているという欠点も存在します．オープンシステムのみならず，大型計算機の端末についても，導入・運用コスト，汎用性の高さから，専用の端末ではなく市販されているコンピュータを使う事例も多く存在します．

　このように，オープンシステム化する際の問題点はいくつかあるものの，広く一般に普及している技術を組み合わせてシステムを構築できるという利点があるため，今後もさまざまな場所で利用されることでしょう．その際にキーワードになってくるのは，コンピュータ・ネットワークということになります．コンピュータとコンピュータを結んで1つのシステムを構成するためには，コンピュータ・ネットワークが必要になってきます．その理由は後ほど説明することにしますが，現在，一般に利用できるシステムがインターネットを介して利用できるようになっていることを考えると，その理由は容易に想像できると思います．

2.2　The Network is The Computer.

　直訳すれば，「ネットワークこそがコンピュータである．」ということになるでしょうか．この見出しは，1980年代にSun Microsystemsという会社が掲げた理念です．この会社が最初に発売した製品であるSun 1ワークステーションにはEthernet（イーサネット）ポートを標準装備し，OS自体もEthernet，TCP/IPというネットワーク接続のための手続きをサポートしていました．同時期に，アメリカ内の学術機関等でTCP/IPネットワークが利用できるようになっていました．この時点で，コンピュータ・ネットワークとりわけTCP/IPを採用しているインターネットに大きな将来性を見出していたことが分かります．

　インターネット元年とも呼ばれる1995年前後には，まだEthernetポートは一般的ではなく，必要に応じて追加装備することができるようになっていました．現在では，ほぼすべてのコンピュータのハードウェアには，Ethernetなどのネットワークに接続するためのインタフェースが標準装備され，有

線・無線によってネットワークに接続することができるようになっています．ハードウェアがソフトウェアを進化させるように，またソフトウェアの大規模化がハードウェアを進化させるように，ネットワークの重要性がハードウェアやソフトウェアを進化させたとも言えます．

2.3 ネットワーク機能の扱いの変化

BSD（Berkeley Software Distribution）系 UNIX が 1969 年に開発が始まり，その後 TCP/IP の開発プラットフォームとして採用されたことから，UNIX が TCP/IP の実装参照モデルとなりました．もちろん，UNIX によって初期のインターネットが支えられていたことは言うまでもありません．UNIX のもう 1 つの流れである SYSTEM/V 系 UNIX についても同様に TCP/IP を採用していました．このように UNIX 系の OS では早い段階から TCP/IP を OS 内に機能の 1 つとして持っていたことになります．

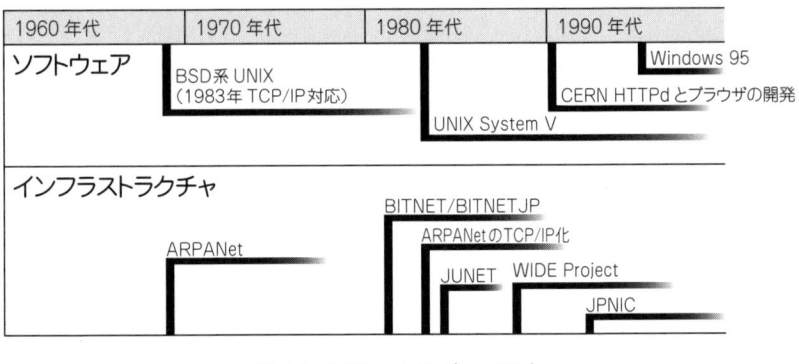

図 2.4　UNIX と TCP/IP の歴史

一方，個人向けのパーソナルコンピュータについてですが，当初は OS 内にネットワーク機能は持っていませんでした．パーソナルコンピュータが普及期に入る前のことですが，先に述べたようにハードウェアとしては，Ethernet インタフェースを追加装備することができるようになりました．ネットワークを利用するためのソフトウェアとしては，MS-DOS では

Netware, MacOS では AppleTalk など，独自の手続きで通信を行う仕組みが
ありました．しかし，それぞれで独自のネットワークを構築してファイル共
有などを実現することはできても，手続きの違うネットワークですから相互
に通信を行うことはできませんでした．その後，MS-DOS や Windows 用に
TCP/IP 用のデバイスドライバと呼ばれる機能拡張のソフトウェアが現れま
したが，この段階でもまだ OS に含められることはありませんでした．
MacOS でも EtherTalk というソフトウェアによって TCP/IP に対応していま
した．

　結局，独自のネットワークプロトコルは TCP/IP に取って代わられること
になり，独自の通信手続きは TCP/IP を利用した形に変化していくことにな
りました．その理由は，独自プロトコルによる相互運用の限界があったから
にほかなりません．5 台のコンピュータがあり，それぞれが独自の通信手続
きを持っているとすると，5 台のコンピュータが相互に通信を行うためには，
実に $_5C_2 = 10$ 通りの手続きの交換の仕組みが必要になります．このことは，
ネットワークで通信を行う以前に，ネットワーク機能を使うための仕組みの
開発に多大なコストをかけなければならないことを意味しています．そこ
で，コンピュータに依存しない，独立したネットワーク通信の手続きが必要
になってきます．そうして，各コンピュータ用の OS で採用された手続きが
TCP/IP です．

　その後，16bit の OS，32bit の OS，マルチタスク対応の OS，64bit の OS
へと進化し，それとともにネットワーク機能の必要性が増し，各 OS に TCP/IP
ネットワークの機能が含まれるようになってきました．

2.4　ネットワーク・オペレーティング・システム

　OS にネットワーク機能が含められるようになると，OS やアプリケーショ
ンの形も変化してきます．コンピュータ本体に OS が入っていなくても，ネ
ットワークから OS を動かすための機能を転送してきて，転送してきた機能
を使って OS が動き始めるようにすることもできるようになっています．ま
た，アプリケーションについても同様で，コンピュータ本体にインストール

されていなくても，ネットワークを通じて，どこかに存在しているアプリケーションを遠隔で利用することもできます．2.2節で解説したように，まさに「The Network is The Computer.」となっています．

　以前はコンピュータだけが存在しても，OS がなければ何もできませんでした．これからはネットワークにコンピュータを接続するだけで，さまざまな機能を利用できるようになります．ネットブート（Netboot）という，ネットワーク上にコンピュータを起動するための情報が格納されており，それを自動的にコンピュータ内に取り込んで起動するという技術は既に実用段階にあり，実際に業務で使われているシステムも存在します．しかし，ネットワークが正常に稼働していなければ，このシステムも使えなくなってしまいますので，ネットワークの正常運用が重要になってきます．このようなシステムが増えてくると，コンピュータ・ネットワークというものが非常に重要なもの，つまりコンピュータを使うための基盤技術として重要視しなければならないものである，という認識をする必要があります．

2.5 アプリケーションソフトウェアとコンピュータ

　コンピュータはそれだけでは動作することができないので，何らかの仕組みが必要です．その仕組みが OS であり，基本ソフトウェアと呼ばれることもあります．OS はコンピュータのハードウェアを制御するための機能や，その OS 上で動作するプログラムとハードウェアの仲介役を担うというコンピュータの基本的な機能を担っているソフトウェアです．

　それに対して，コンピュータ上で動作するプログラムを**アプリケーションソフトウェア**と呼びます（応用ソフトウェアと呼ばれることもあります）．コンピュータ・ネットワークを利用する機会が増えてきたことから，アプリケーションプログラムの構成も変わってきています．コンピュータが登場した当初は，アプリケーションプログラムそのものがコンピュータを動かすもので，1 つのアプリケーションプログラムがさまざまなコンピュータ用に作成されていました．しかし，OS が一般化した後は，その OS の上で動作するようにアプリケーションプログラムを作成するだけでよくなり，コンピュータ

の種類を問わないアプリケーションを作ることができるようになりました．それまでのように，それぞれのコンピュータ用にアプリケーションプログラムを作成する必要がなくなったわけです．このことは，アプリケーションの普及の原動力にもなり，OS と共に広く普及することになりました．逆に，OS が共通化したことで，コンピュータの独自性が薄れてしまい，一風変わったコンピュータが出現しなくなったとも言えます．また，OS やアプリケーションが共通化し，普及が進んでくると，それらをターゲットとした事件も増えてきました．ここでは，アプリケーションや OS，ネットワーク機能の不具合が及ぼす影響について説明します．

2.5.1 アプリケーションやコンピュータの誤作動

　コンピュータウイルス史上最大の感染事例の 1 つに，1997 年頃の Laroux ウイルスの大流行があります．これは，アプリケーションの動作を拡張するための内部プログラミング言語（マクロ）と，そのアプリケーションの不具合を狙ったものです．具体的には，Excel のファイルに感染するもので，フロッピーディスクなどに入った感染した Excel ファイルを開くことで，ハードディスク内に入っている Excel の起動時に読み込むファイルに感染し，そのパソコンの Excel を起動して開いた別の Excel ファイルにも感染していく，という動作を行います．ファイルを壊したりなどはしないため，ファイルを失う等の損失には繋がらないのですが，Excel のファイルを介して，次々に別のコンピュータに感染していく点で，脅威となっていました．

　駆除方法は分かっていたのですが，利用者が持っている Excel ファイルや会社・学校等に設置されているすべてのコンピュータの Excel ファイルから Laroux ウイルスを駆除する必要があるため，なかなか駆除できずにいました．その当時は，ウイルス対策ソフトウェアをインストールすることは，学校や会社であっても，ケースとしては多くない状況でしたので，多くの利用者が入れ代わり立ち代わり利用するような環境では，1 つのコンピュータウイルスの駆除にも非常に長い時間がかかっていました．

　一度，コンピュータウイルスが組織内に蔓延してしまうと，それを根絶することは非常に難しいことです．すべてのコンピュータをチェックして，そ

こにウイルスが存在しないことを確認する必要もありますし，それ以上感染することのないように予防策を講じる必要もでてきます．この Laroux ウイルスの蔓延以降，ウイルス対策ソフトウェアの重要性が認知され，特に学校や会社等で多くの利用者が存在するような環境では，ウイルス対策ソフトウェアは標準的にインストールされるようになっていきました．

アプリケーションや OS の不具合を狙ってくるのはコンピュータウイルスだけではありません．ウイルスとは認識されなくても，ファイル等に格納されている情報を処理する段階で，アプリケーションや OS に影響を及ぼすものも存在します．そのようなファイル等に遭遇する可能性の問題ではありますが，アプリケーションや OS は，情報処理上の問題をまだまだ抱えていると言われています．

2.5.2 スタンドアロンアプリケーションの脆弱性

「コンピュータそのものにインストールして，ネットワーク等の他の補助機能を必要とせず，コンピュータ単独で利用することができるアプリケーション」を**スタンドアロンアプリケーション**と呼びます．コンピュータが稼働していれば，そのアプリケーションを利用することができます．コンピュータ・ネットワークが普及する以前から存在するアプリケーションもこの分類に入ります．現在市販されているソフトウェアのほとんどがこのタイプであると言えます．

前述の Laroux ウイルス以前にもコンピュータウイルスは存在していました．感染すると，コンピュータが起動している間，常にファイルの読み書きを監視しながら自分自身を感染させたり，悪質なものは感染だけでなくファイルを消してしまったり，コンピュータを起動できなくしてしまうというものも存在しました．

スタンドアロン型のアプリケーションの脆弱性（ぜいじゃくせい）は，アプリケーション本体の脆弱性と，補助機能の脆弱性に分けることができます．アプリケーション本体の脆弱性は，取り扱う情報の処理過程で何らかの不具合が生じて，アプリケーションもしくは OS にまで影響を及ぼすものです．その影響度としては，処理結果が異常なものとなる軽微なものから，異

常な状態が他のアプリケーションや OS にまで及んでしまう重大なものまでさまざまなものがあります.

　補助機能の脆弱性については，補助機能なのでアプリケーション本体の動作にのみ影響を与えると思われがちですが，アプリケーション本体のみならず，OS にまで影響が及ぶこともあります.

2.5.3　ネットワークアプリケーションの脆弱性

　ネットワークアプリケーションについても，スタンドアロン型アプリケーションと同様の脆弱性が存在します.

　ネットワークから到着したデータを処理する段階で，アプリケーション本体の処理もしくは結果に影響を及ぼしたり，そのアプリケーションが稼働している OS にも影響を及ぼしたりする可能性があります. また，ネットワークからだけではなく，そのコンピュータで扱っているデータを処理した時点でネットワーク側に何らかの影響を及ぼすものも存在します.

　しばしば問題になるネットワーク型のコンピュータウイルスがその類にあたりますが，悪意あるソフトウェアについては第 7 章で解説します.

章末問題

1. ホストコンピュータからオープンシステムへの移行に関する問題点について考察せよ.

2. インターネット上で公開されている脆弱性データベースについて調査せよ.

3. ネットブートについて，その仕組み，利点について調査せよ.

第3章

インターネットの発展・大衆化

　インターネットが研究目的のために構築されてから，現在のように一般に普及するまでに約 30 年かかっています．その間に数々の技術革新があり，コンピュータが一般化し，コンピュータ利用を促進するような形でインターネット利用が進んできました．この章では，便利に使えるようになったインターネットの歴史と，現在のインターネットの光と影の部分に焦点を当てて解説します．

3.1 インターネットの発展

3.1.1 インターネットの黎明期

　インターネットの歴史についてここで少し触れておきます．現在のようにさまざまな組織が相互に通信できる状態で始まったわけではなく，最初は軍事用ネットワークの開発から始まっています．

　アメリカ国防総省の軍事用ネットワークの研究が 1969 年に始まり，そのプロジェクトにアメリカの研究機関が参加していました．その当時は冷戦時代であり，核戦争を意識したネットワーク技術を開発することが求められていました．この研究が始まる少し前に，アメリカ国内に集中型の通信ネットワークが敷かれており，多くの拠点が接続されていましたが，そのうちの少しの拠点にトラブルが発生した際に，この通信ネットワーク全体が大混乱するという事態が生じたことがありました．この状況では，有事の際に通信が全く役に立たなくなるため，障害にも強い通信ネットワークを開発する必要に迫られました．そこで始まったのが，ARPANET というプロジェクトであり，分散型の通信ネットワークを開発する目標を持っていました．

　しかしながら，この研究プロジェクトに参加できたのはアメリカ国内の一部の研究組織のみであり，ほとんどの組織がこのプロジェクトから外れることになります．そのため，そのプロジェクトに参加していない大学，企業などが独自に CSNET と呼ばれるネットワークを構築し，運営していきます．このネットワークは，のちにはアメリカ以外の組織も参加費を払えば接続が可能になり，国際的なネットワークを構築することになります．

　ARPANET の研究が始まった当初，UUCP（Unix to Unix Copy）という手順で，電話回線を使ってファイル転送を行っていました．電話回線の両側に**モデム**（modem: modulation / demodulation）と呼ばれる機器を設置し，それを使って相手側に電話をかけて回線を結んでいました．そのときに使われたコンピュータには UNIX という OS が使われていたため，UUCP を使った通信手順が採用されることになります．

　一方，その当時一般的だった大型計算機同士のネットワークも存在していました．BITNET と呼ばれていて，大型計算機同士を結んだネットワークで，大型計算機同士での電子メールのやり取りもできるようになっていました．日本版の BITNET も存在しており，BITNETJP と呼ばれていて，日本国内の大型計算機が結ばれて，同様に電子メールのやり取りができていました．

　さて，UUCP を採用していた ARPANET のプロジェクトですが，研究成果である通信手続きを TCP/IP に変更していくことになります．その頃には接続された組織やコンピュータが多くなり，それらをプロジェクトの中で一意に示すことができるアドレスと名前を定める必要が出てきました．当初は，ファイルにアドレスと名前の一覧を記述し，そのコピーを全組織で持つということにしていましたが，コンピュータが多くなったり，場所が変わったりするとそのファイルの管理がかなりの作業になってしまいます．そこで，アドレスの名前のペア情報を分散管理するという仕組みが必要になり，**DNS**（Domain Name System）というシステムが開発されます．

3.1.2 インターネットの発展期

軍事ネットワークの研究に端を発するインターネットですが，軍事ネットワークが切り離されてからは，広範囲に配置されたコンピュータシステムを相互利用するための基盤ネットワークとしての役割を担うようになってきました．アメリカ国内の参加する組織も多くなり，コンピュータの種類もさまざまなものが存在するようになってきていました．そこで，相互利用するための共通の技術仕様を策定する必要に迫られ，作業部会（Networking Working Group）が組織されます．当初は数人から始まり，徐々に参加人数が増えていきました．

この作業部会は，参加メンバーが自発的に集合し，運用されているもので，議題についても多数決で決めるようなことはなく，実際に動くプログラム等を議論して，ほぼうまくいくという合意を取り付ける方法で運営されていました．同様な組織として，ITU-T（国際通信連合），ISO（国際標準化機構）といった組織があり，そこで関係者が会議を開いて標準化する事項について議論していますが，最終的には多数決で決するということになっています．このことからも，インターネット技術の標準化とこれらの組織の標準化のプロセスが根本的に異なっているということが分かると思います．どちらも標準化された仕様を決めるための大事な役割を担っています．

そして，この Networking Working Group は IETF（Internet Engineering Task Force）という名称になり，現在に至ります．IETF で策定された標準化文書は RFC（Request for Comments）と呼ばれ，誰でも自由に閲覧することができ，ネットワーク製品やソフトウェアを作成する際に参照されるものになっています．その後，インターネット上の名前や，各種識別番号などを管理する IANA（Internet Assigned Number Authorities）やその後継組織である ICANN（Internet Corporation for Assigned Names and Numbers）といった補助組織が形成され，技術開発と管理・運営を担っています．

インターネット上で提供されているサービスにはさまざまなものがあります．古くから存在しているものとして，TELNET，FTP，電子メール，Net News，gopher，wais などがあります．これらのアプリケーションは，インタ

ーネットの黎明期（れいめいき）から発展期にかけて作成されたアプリケーションや手続きであり，その仕組みは非常に簡単なものになっています．これらのアプリケーションは**レガシーアプリケーション**と呼ばれており，現在では使われていなかったり，より良いアプリケーションへの移行が進んでいたりします．例えば，TELNET は遠隔接続のための手続きですが，通信中のデータが丸見えになってしまうこともあり，最近では，SSH というデータを暗号化して通信することが可能な手続きを利用するようになっています．

　レガシーアプリケーションに続いて出現したアプリケーションとしては，**WWW**（World Wide Web）を外すことはできないでしょう．現在最もよく使われているネットワークアプリケーションの1つである WWW は，元々は CERN（Conseil Européen pour la Recherche Nucléaire：ヨーロッパ原子核研究機構）の研究用データを世界中の研究者と共有するために作られた手続きです．WWW で提供するデータの形式として，SGML（Standard Generalized Markup Language）を元にした **HTML**（Hyper Text Markup Language）を定義しました．この仕組みを開発した Timothy Berners-Lee は，1990 年に世界初の Web サーバ CERN HTTPd と HTML エディタ兼ブラウザを構築しました．その後，社会全体への貢献を考慮して，これらのソフトウェアをパブリックドメインソフトウェア（著作権を放棄したソフトウェア）として公開しました．

　それを受けたさまざまな開発者がブラウザを作成しますが，最も有名なものはアメリカ・イリノイ大学に設置されている NCSA（National Center for Supercomputing Applications）による Mosaic（モザイク）ブラウザでしょう．同センターは Web サーバも開発し，これがのちに Apache Project による Apache HTTPd Server となります．Mosaic は現在利用されている Web ブラウザの元になったようなソフトウェアで，Internet Explorer も Mosaic のソースコードから派生してできたものです．この Mosaic が WWW 利用，インターネット利用の起爆剤となり，あっという間に広まっていきます．

　NCSA はさまざまなコンピュータ用の Web ブラウザを無料で配布していましたが，そのビジネスチャンスを狙ったと思われるメンバーが脱退し，Netscape Communications を設立します．この会社が Netscape という Web ブ

ラウザを開発します．このブラウザがしばらくの間，WWW の先端を走ってきましたが，Netscape のオープンソース版である Mozilla や Firefox などに取って代わられています．

　そして今では，WWW はコンピュータの利用上，もしくはインターネットの利用上，欠かせないものとなっており，ブラウザそのもののことを「インターネット」と混同するくらい一般化しています．また，Web2.0 の時代とも言われており，ただの情報提供の道具でしかなかった WWW が双方向性を持ったり，デスクトップアプリケーションとほとんど同じ機能を WWW 上で利用できたり，難しかった Web ページ作成が**ブログ**という形で簡単に編集・公開ができたりするようになりました．また，コミュニケーションの手段としてインターネットを利用する，Twitter，Facebook，Instagram のようなサービスが台頭し，Web ページ作成ではない，新たな表現の手段が出てきています．

3.2 日本のインターネット事情

　ここまで，海外，特にアメリカのインターネット事情について解説してきましたが，日本の国内事情に目を向けてみましょう．

　アメリカで大型計算機間のネットワーク BITNET があったように，日本にも BITNETJP がありました．1985 年から国内外との接続が始まります．その前年に，JUNET（Japan University Network）という，東京大学，東京工業大学，慶應義塾大学が相互に公衆回線を利用して接続したネットワークが始まっていました．BITNETJP の方は，大型計算機をネットワークで結ぶ，という目的の元で運営されていましたが，大型計算機だけではなく，インターネットとの接続も必要だ，ということで，JUNET の広域分散環境の研究会である WIDE 研究会とともに BITNETJP がインターネットに接続されることになります．

　JUNET 自体は 1984 年に始まり，最終的に約 700 の学術機関が接続されますが，1994 年に解散することになります．その背景として，WIDE やその他の広域 TCP/IP ネットワークの設立，また，国立情報学研究所（NII：National Institute of Informatics）による学術情報ネットワークの整備事業も進んでいた

ことが挙げられます.

その国立情報学研究所の学術ネットワークは SINET（Science Information Network）と呼ばれ，さまざまな機能拡張を経て，2016年4月から SINET5 として運用されています. 全国に50箇所のデータセンターを持ち，100Gbps のバックボーンネットワークによって，日本の学術研究を支えています.

3.3 さまざまな規制

3.3.1 公衆電気通信法

1952年に当時の郵政省が，電気通信を統括するために公衆電気通信法を制定しました. その法律の中で，「国内通信は日本電信電話公社」「国際通信は国際電信電話株式会社」という区分が決まっていたため，他社の参入はできませんでした. その後，約30年に渡って国内・国際通信ともにこの2社が賄っていくことになります.

1985年に日本電信電話公社が民営化される際に，日本電信電話会社法（NTT法）と国際電信電話株式会社法（KDD法）が制定され，それぞれ国内・国際向けの通信に特化した業務を継続することになります. この時点でも，回線を保有できるのはこの2社だけでした.

このままでは，公正な情報通信技術の発展が妨げられるばかりか，競争原理が働かないことによって，利用者は高い通信料金を払い続けることになってしまいます.

3.3.2 通信の自由化時代

NTT法とKDD法をもってしても，電気通信の自由化は実現できませんでした. 国内の通信はNTTが，国際通信はKDDが掌握しており，他社が参入できる雰囲気はありません. そこで，電気通信事業に関する規制を緩和し，これら2社以外の企業が参入しやすくなる法改正を行うことになります.

この時期にJUNETは，国際回線を使って，日本とアメリカのインターネットを接続することを試みていましたが，KDD法によれば，国際電気通信回線を保有できるのはKDDのみで，他社が回線を保有することはできません.

もしも，アメリカとの組織の間で相互に通信できるようになると，その時点で KDD 法に抵触するのではないかという疑念が生じます．しかし，JUNET がその当時の郵政省（現在の総務省）に問い合わせたところ，研究用であれば特に問題にしない，という言質を取り付けるに至りました．

そして，KDD の国際電話回線を使って，日本とアメリカのインターネットを接続することを試み，1987 年に WIDE プロジェクトとして IP パケットの送受信に成功し，日本とアメリカで IP ネットワークを結ぶことになります．

その後，日本そしてアメリカのインターネット接続組織は増え続け，それらの組織間の通信によって国際回線の使用頻度が急激に増え，日本からの国際電話料金が 1 カ月当たり数百万円にもなることもありました．そこで専用線を KDD から借り，毎月定額の通信料金によって，通信料のことを気にする必要がなくなりました．

しかし，通信しているのは，WIDE プロジェクトとアメリカの接続ポイントだけではなく，WIDE に接続されているネットワークからアメリカ内のネットワークの間での通信も行われていたので，特定の相手との通信ということにはなりません．ここでも，専用線の使用契約の違反があり，特定の機関とのみ通信することを約束することになります．

このように，いかなる通信も NTT 法や KDD 法が立ちはだかり，他の通信事業者も参入しにくい状況でありましたが，この状況を打破するためにさまざまな法改正が行われ，国内回線・国際回線ともに開放されていくことになります．

そして，2020 年日本では，ケーブルあたり 240Tbps 級の大容量化を目指した研究開発が進められています．また，通信事業者のみならず，コンテンツプロバイダーが海底ケーブルの敷設に乗り出しています．

3.3.3 アメリカの暗号技術の輸出規制

通信回線の規制だけでなく，インターネットの発展の足かせとなっていたものとして，暗号技術を挙げることができます．アメリカは暗号技術を「戦略兵器」の 1 つとして位置づけており，その輸出について許認可制を取っていました．暗号技術がなければ，インターネット上での暗号通信を行うこと

ができませんし，相手が確かにその人，そのサーバであるという確認ができ
ません．暗号通信ができないということは，インターネットを使った買い物
時のクレジットカード決済，インターネットを使った銀行取引などを安全に
利用できる保証がないということになります．

　そこで，暗号技術を使ったソフトウェア PGP（Pretty Good Privacy）の作
者である Philip Zimmerman は，PGP のソースコードを出版して輸出すること
にします．書籍は規制の対象ではなく，それを輸入した各国ではソースコー
ドをスキャンして，PGP の国際版を作成します．

　その後，やはり暗号技術の輸出規制に抵触するという判断から，訴訟を起
こされましたが，最終的には和解が成立し，PGP は広く一般に普及するに至
ります．その背景には，暗号技術の規制政策の転換があります．アメリカ連
邦政府は，暗号技術の輸出に関する許認可制を届出制へと転換し，その後全
面的に開放することになります．それには，長い時間がかかりましたが，コ
ンピュータ・ネットワーク上でさまざまな社会的活動を行うためには必須と
なってきた暗号技術を，一国が掌握してしまうことの弊害も考慮に入れての
ことであると考えられます．また，現在使用されている暗号技術が，力ず
く（brute-force attack）によって解読できるようになったから，という説も
あります．PGP は良くも悪くも色々な場面で用いられ，これ以来，公開鍵暗
号方式を用いた暗号技術製品として利用されていきます．

　また，RSA 暗号方式は，現在のインターネットでの通信でよく使われてい
る暗号方式の１つですが，その利用には特許の壁が立ちはだかっていました．
2000 年 9 月 20 日にこの特許保護期間が満了し，誰でも RSA を使った製品や
ソフトウェア，ハードウェアを開発することができるようになりました．

3.4　通信手段の変化

　ここではインターネットを取り巻く通信手段について，目を向けてみるこ
とにします．インターネットの開発の歴史は通信手段の発展の歴史とも関係
があります．

3.4.1 コンピュータの単独使用時代の通信手段

コンピュータを単独で使用していた頃には，フロッピーディスクという磁気ディスクにファイルを記録し，それを流通させていました．格納できる容量も 512KB，640KB，1.44MB など色々なものがありましたが，現在から見れば大変小さなものです．それらを使ってコンピュータを駆動したり，ファイルのやりとりをしたりしていました．そのファイルのやりとりも 2, 3 日から 1 週間かかっても問題ないという感覚で，非常にゆったりと時間が流れていました．それでもフロッピーディスクに入らないような容量のものを送るためには，フロッピーディスクに入る大きさに分割し，受け取り側で再度順序通りに復元する作業を伴いました．1 つや 2 つのファイルであればそれほど手間もかかりませんが，何十個というファイルの受け渡しをしようとすると，フロッピーディスクが大量に必要になります．このような状況は利用者にとって不便で仕方ありませんので，何らかの通信手段が必要になってきます．

ちなみに，ハードディスクが利用できるようになったのはもう少し後のことで，1990 年代に入ってから普及するようになります．

3.4.2 企業の通信手段

その頃の企業の通信手段といえば，電話，FAX，TELEX といったものが主流でした．この中でも FAX は最も新しい技術で，それまでは TELEX を用いて文字情報を送っていました．TELEX は，遠隔にあるタイプライターを操作できる通信手段と考えればよく，現在のネットワークプリンターのようなものです．回線をつないだ後，手元の端末で文字を入力すると，相手先のタイプライターに文字が印字されるという仕組みになっています．海外に支店・営業所などの部署を持つ企業では，連絡手段としてよく用いられました．

30 年以上に渡って企業の通信手段として利用されていましたが，インターネットの発展とともに，その役目を電子メールに取って代わられ，今ではほとんど使われていません．

3.4.3 国際銀行間ネットワーク

　国家を超えた金融機関等の間でのメッセージ（送金処理，商品取引など）のやり取りを行うために，SWIFT（the Society for Worldwide Interbank Financial Telecommunication：国際銀行間通信協会）は世界各国の銀行間の取引を受け持つネットワークを運用しています．このネットワークがなければ，手作業で行うか，互換性のない通信手段で世界中の金融機関の間を結ぶしかなかったとも言われています．いわば，金融機関専用のインターネット，と言えるでしょう．

　SWIFT は 1973 年に誕生し，1977 年から本番稼働を開始しています．200以上の国と地域で 11,000 以上の証券会社，取引所などの組織を大容量通信網で接続しています．

3.4.4 一般利用者の通信手段

　MS-DOS が登場した 1980 年代半ば頃，一般利用者の間でパソコン通信が広まっていきました．これは最寄りのアクセスポイントまで電話をかけて，パソコン通信を運営している会社とつなぐ方法です．フォーラムや SIG といった現在の BBS（Bulletin Board System，電子掲示板）に近いものがボランティアの元で運営されていました．メールも可能でしたが，異なるパソコン通信同士は追加料金がかかったりするため，もっぱら同じパソコン通信会社を利用しているユーザー向けに使われていました．この頃は，電話回線にモデムと呼ばれる機器を接続し，パソコンから電話をかけることによってパソコン通信会社と通信できるようになっていました．電話料金＋パソコン通信利用料金がかかるため，電話をかけてすぐに必要なフォーラムの更新データをダウンロードし，電話を切ったあとでゆっくりと記事を見直す，というように必要最低限の通信のみ発生するような利用上の工夫がありました．

　その後に，**プロバイダー**（ISP：Internet Service Provider）とダイヤルアップ接続し，インターネット利用をする利用者が増え始め，大手事業者によるパソコン通信自体は 2006 年頃には完全に運営が終了し，掲示板等のサービスに移行しています．

3.4.5 現在の通信手段

　現在，さまざまな通信手段を用いてインターネットを利用することができるようになっています．コンピュータそのものでは，現在作られているほとんどすべてのコンピュータにおいて，Ethernet ポートが標準装備され，10Mbps〜1Gbps の帯域を利用できます．自宅から ISP までの回線は **FTTH**（Fiber to the Home）政策により徐々に**光回線**を利用するようになってきており，統計上 **ADSL**（Asymmetrics Digital Subscriber Line）の契約数を既に上回っています．帯域としては契約によって 100Mbps〜1Gbps が利用できます．モバイル環境では，ダイヤルアップモデムとして利用できるものでは 64Kbps〜128Kbps，3G 回線や HSDPA（High Speed Downlink Packet Access）によって 3.6Mbps〜42Mbps，その後に出てきた 4G/LTE 回線では 300Mbps の帯域を確保できています．第 5 世代移動通信システムである 5G に至っては，10Gbps の最大伝送速度，低通信遅延（1ms 程度）になるとされており，すでに第 6 世代の規格の開発も進められています．

　組織内部のバックボーンネットワークとしては，光ケーブルを利用して 1Gbps〜10Gbps，なかには 40Gbps もの帯域を確保しているところもあります．ISP 間も数 Gbps〜数十 Gbps の帯域を持つ事業者や，国際回線については 60Tbps の海底ケーブルを保有している事業者もあります．

　このように，利用者が増加するにつれて，必要とする帯域も増えてくるため，事業者側では毎年のように設備投資を行って，増加する需要に対応している状況です．

3.5 インターネット攻撃の常態化と対策

　古き良き時代は，知っている人同士を結ぶためのネットワークでしたが，現在のようにネットワーク利用が広く一般に広まった状況では，悪意を持った利用者が少なからず存在することは確かです．

　特に，送信者から受信者までのデータの通り道（通信経路）の正しさや安全性については，受信者側には分かりにくくなっています．送信者はその通信経路の安全性が保たれているという前提でデータを送信することになりま

すが，その通信経路が安全である保証はありません．途中のどこかで盗聴されている可能性もあるのです．通信の傍受は日本では憲法違反になってしまいますが，海外ではそうではないところもあります．日本国内でインターネットを利用しているからといって，すべての通信経路が日本国内に存在しているとは限りませんし，利用しているサイトで日本語表示ができているからといって，それが日本国内に存在しているとも限らないのです．

　通信経路の安全性のみならず，送信者が確かにその人であるという保証もありません．保証してくれるような手続きも存在していますが，一般に普及するにはまだ敷居が高い状況です．電子メールについては，送信者を偽って送信することが可能で，本当にその人が送信したものかどうか受信者が確かめることは可能ですが，これも一般に普及するには程遠い状況になっています．

　先に述べたように，コンピュータをインターネットに接続していると，ネットワークから何らかのデータが飛び込んでくることもあります．それがコンピュータに影響を及ぼさないものであればよいのですが，そういうものばかりとは限りません．なかには，コンピュータに侵入しようと試みるものや，コンピュータ内のデータを破壊するようなものもあります．したがって，インターネットを利用する際には何らかの手段を用いて，そういった「インターネットからの攻撃」を防ぐ必要があります．そのために必要になる技術や仕組みとしては，ファイアウォールや侵入検知・防御システム，アンチウイルスソフトウェア，パーソナルファイアウォールソフトウェアなどがあります．

　ファイアウォールは，ネットワーク側から届いたデータを調査して，ファイアウォール内のコンピュータに届けて良いものといけないものに選別します．届けてはいけないものについては，送信者側に届けられない旨の応答を返したり，または応答を返さずにそのままそのデータを捨てたりする場合もあります．

　侵入検知・防御システムは，組織のネットワークの境界線付近に配置して，その組織と外部のネットワークとの通信を見張ることで，良くないデータが送受信されようとした段階で検出したり，その通信自体を止めたりするシステムのことです．

　アンチウイルスソフトウェアやパーソナルファイアウォールソフトウェア
は，個々のコンピュータに導入して，そのコンピュータで扱うデータがウイ
ルスに感染しないように，また，ネットワーク側からの良くないデータが届
いた際の防御役を担います．

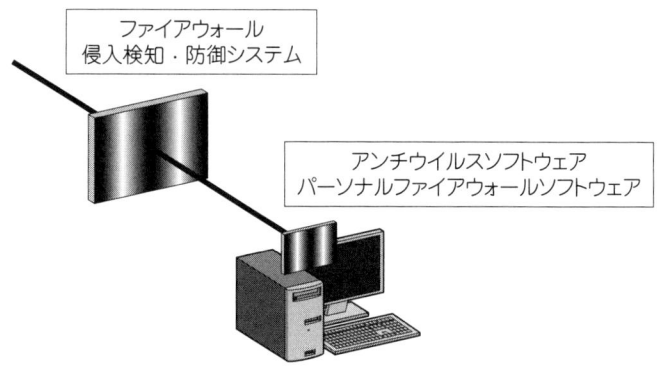

図 3.1　攻撃からの防御法

　何も対策をしないでインターネットを利用することは，悪意あるソフトウ
ェアやデータに出くわして，不具合を発生する可能性を高めてしまいます．
最近のインターネットサイトでは，一見して役に立つような情報を提供して
くれているようでも，利用者に気づかないように悪意のあるソフトウェア等
を自動的にダウンロードしてしまうようなものも存在します．そういったサ
イトの情報を閲覧するだけでも影響を受けてしまうので，アンチウイルスソ
フトウェアやパーソナルファイアウォールソフトウェアは必要となっていま
す．したがって，最低限の対策として，アンチウイルスソフトやパーソナル
ファイアウォールソフトウェアを導入しておくべきです．

章末問題

1. 日本の学術ネットワーク SINET について調べよ.

2. 暗号技術の変遷について調べよ.

3. パソコン通信など，一般利用者の通信手段について調べよ.

第**4**章

インターネットのコア・テクノロジー

　インターネットが研究開発される以前は，コンピュータ同士を接続するための手順を各コンピュータ・ベンダー，ネットワーク・ベンダーが独自に開発してきました．その結果，さまざまな手順が存在することになり，相互に通信ができない状態が続きました．

　一方，インターネットは手順（プロトコル：Protocol）を共通化し，すべてのアプリケーションはそのプロトコルに基づいて実装するようにしました．その結果，アプリケーション同士は，ネットワークやコンピュータが異なっても，同様に通信することができるようになりました．このようにして，独自プロトコルの乱立による相互通信ができないという状況を解決したわけです．

　この章では，インターネットのコア・テクノロジーである，TCP/IP プロトコル群について解説します．

4.1 TCP/IP プロトコル群

　これまでに TCP/IP という用語については触れてきましたが，その詳細についての説明をしていませんでした．**TCP/IP** とは，TCP（Transmission Control Protocol）と IP（Internet Protocol）という 2 つのプロトコルをひとまとめにした，インターネットで用いられている手続きの代表格です．TCP も IP もどちらも手続き（プロトコル）ですが，インターネットでは，これら 2 つの代表的なプロトコル以外にも，多くのプロトコルを利用することができ，それらもすべて含めて，**TCP/IP プロトコルスイート**（Protocol Suite：**プロトコル群**）という呼び方をします．インターネットで利用できるプロトコルは，そ

のほとんどのものに RFC（Request for Comments）という標準化文書で具体
的な仕様が定められています．インターネットを構成するハードウェアや
ソフトウェアは，RFC もしくは RFC になる前の議論の材料になる「ドラフ
ト」と呼ばれる文書に基づいた実装モデルを元に作成されています．RFC や
ドラフト文書は，IETF（Internet Engineering Task Force）の Web サイトで公
開されています．

　この節では，TCP/IP プロトコルスイートについて，順を追って解説してい
きます．

4.1.1 階層型プロトコル

　TCP/IP は機能ごとに階層に分けて構成されており，ネットワークの物理
的な部分のプロトコルからアプリケーションプログラムのプロトコルまで
さまざまなプロトコルがあります．

　例えば，アプリケーションプログラムを作成する際に，コンピュータ上で
動くように何らかのプログラミング言語を使ってプログラムを作成する必要
があります．開発者はアプリケーションプログラムを作成したいだけなの
に，その他にもネットワークの物理的な部分との情報の受け渡しや，データ
処理の部分をプログラムに記述しなければならないとするとどうでしょう．
開発者の負担として，アプリケーションプログラムを作成するためのプログ
ラミング技術だけでなく，ネットワークの物理的な部分を取り扱うためのプ
ログラミング技術までも要求されるようになります．これでは，開発者の負
担が増すばかりですし，異なるネットワーク用のアプリケーションまで開発
することにもなります．

　2.5節で，アプリケーションプログラムとオペレーティングシステムの関係
について解説しました．当初はアプリケーションプログラムの作成にあたっ
て，ハードウェアとの情報の受け渡しや，データ処理方法もプログラムに記
述しなければなりませんでした．ハードウェアに関する専門的な知識も要求
されるため，開発者への負担が大きかったことから，そういった機能は OS
が一括して管理することになり，開発者はアプリケーションプログラムのみ
の開発に専念できるようになりました．同様に，ネットワークアプリケーシ

ョンについても，開発者がアプリケーションプログラムの開発に専念できる
ようにした方が利点が多いと言えます．そこで，TCP/IP では，大きく分け
て，ネットワークの物理的な部分のプロトコルと，アプリケーションプログ
ラムのプロトコルに分けて標準化することになっており，これを**階層型プロ
トコル**と言います．

　階層型プロトコルは TCP/IP プロトコルスイートだけではありません．代
表的なものとして，**国際標準化機構**（ISO：International Organization for
Standardization）の **OSI**（Open Systems Interconnection）**参照モデル**と，それ
に基づいて作成された **OSI プロトコル**があります．TCP/IP も OSI プロトコ
ルも同じような**階層型プロトコル**なのですが，その標準化プロセスが全く異
なるという特徴があります．OSI では，まずモデルを作成し，それに基づい
たプロトコルを実装するという手順を踏みますが，TCP/IP では，動くコード
（プログラムなど）を伴ったプロトコルが提案され，それを叩き台に議論を
尽くして実用に十分耐えうる仕組みになった段階で標準化プロトコルとして
策定する，というプロセスになります．いわば，OSI がトップダウン方式，
TCP/IP がボトムアップ方式ということになります．

　2 つのプロトコル間にはもう 1 つの異なる点として，階層の数の違いが
あります．OSI 参照モデルには 7 階層ありますが，TCP/IP では 4 階層にな
ります（**表 4.1**）．OSI 参照モデルのセッション層からアプリケーション層ま
でを TCP/IP でのアプリケーション層に，同じくデータリンク層と物理層を
ネットワークインタフェース層として，階層モデルを簡素化しています．

- **アプリケーション層**では，アプリケーションでのデータ処理の手続き，
  アプリケーションで取り扱うデータの表現方法，アプリケーションの状
  態管理などを規程しています．代表的なプロトコルとして，HTTP，
  SMTP，FTP，TELNET などがあります．
- **トランスポート層**では，通信相手のアプリケーションにデータを届ける
  ための手続き，インターネット層から届いたデータをアプリケーション
  に引き渡す手続きについて規定しています．トランスポート層プロトコ
  ルとして，TCP，UDP があります．

- **インターネット層**では，トランスポート層とのデータのやり取り，ネットワーク間でデータを転送するための手続きについて規定しています．インターネット層の最も重要なプロトコルは IP ですが，それを補助する ICMP，ARP などもあります．
- **ネットワークインタフェース層**では，物理的なネットワーク回線とのデータのやり取り，ネットワークインタフェースにおけるデータの取り扱いについて規定しています．

表 4.1　OSI 参照モデルと TCP/IP 階層モデル

	OSI 参照モデル	TCP/IP 階層モデル
7	アプリケーション層	アプリケーション層
6	プレゼンテーション層	
5	セッション層	
4	トランスポート層	トランスポート層
3	ネットワーク層	インターネット層
2	データリンク層	ネットワークインタフェース層
1	物理層	

　また，インターネット層プロトコルには，ICMP や ARP の他にも補助的なプロトコルがあります．それは，IP パケットを転送する先を決定するための経路制御プロトコルです．Internet Protocol では経路制御表を作成することができないので，代わりに経路制御表を作成するプロトコル（経路制御プロトコル）が必要です．OSPF，BPG，RIP など，手作業での経路作成も含めて複数の経路制御プロトコルがありますが，詳細については第 10 章で解説します．

　それぞれの階層では，それぞれの役割を果しながら，上下の階層とのインタフェースとしての役割も担います．具体的には，データを階層の上下に受

け渡す際の**ヘッダー**と呼ばれるデータの着脱という処理になります．TCP で通信を行う場合，送信側ではアプリケーションが作成したデータに **TCP ヘッダー**を付けて，インターネット層へ引渡し，受け取ったインターネット層で **IP ヘッダー**を付けてネットワークインタフェース層へ引渡します．受信側では，送信側の逆の順序で各層間でデータが引渡されます．インターネット層から渡されてきたデータに対しては，TCP ヘッダーを取り除いてアプリケーションへデータを引き渡します．

つまり，階層を下る際にヘッダーを付与して下位層にデータを渡し，階層を上る際にヘッダーを除いて上位層にデータを渡すことになります．

4.2 各層の代表的なプロトコルやアプリケーション

ここで，各階層での代表的なプロトコル，アプリケーションについて簡単に紹介します．各プロトコルについての詳細については別の章で解説しますので，簡単な説明に留めます．

4.2.1 アプリケーション層プロトコル

現在，最もよく使われているネットワークアプリケーションである **WWW**（World Wide Web）には，**HTTP**（Hyper Text Transfer Protocol）が使われています．これは，Web ページを閲覧する際のサーバとブラウザ間のページデータやページ要求の情報交換の手順について規定しています．

電子メールでは，送信と受信で別々のプロトコルが用いられています．送信およびサーバ間のメールの中継には **SMTP**（Simple Mail Transfer Protocol）が用いられます．メールをサーバに留め置く場合は SMTP のみでよいのですが，電子メールを読み出す際に毎回メールサーバにログインしなければならないため，利用者の利便性が悪くなります．そこで，手元のコンピュータに到着したメールをダウンロードしたり，サーバ上のメールを読み出したりする手順が必要になります．そのためのプロトコルが POP3（Post Office Protocol version 3），IMAP（Internet Message Access Protocol）です．

電子メールに限らず，一般的なファイルをサーバとやり取りするには転送

のためのプロトコルが必要になります．そして，ネットワークの先にあるコンピュータに接続して作業する際のプロトコルも必要です．ファイルを転送するためのプロトコルは **FTP**（File Transfer Protocol），遠隔接続のためのプロトコルは **TELNET**（Telecommunication Network）です．ただし，これらのプロトコルは，ネットワーク上で何も保護のかかっていない生のデータ（平文）がやり取りされますので，パスワードまでもが平文のままネットワーク上に流れていってしまいます．そこで，ネットワークに流れていくデータなどを保護するために，別のプロトコルが策定されました．

そのプロトコルが **SSH**（Secure Shell）です．SSH は各種暗号アルゴリズムを内蔵した遠隔接続のためのプロトコルで，従来の TELNET での接続や FTP でのファイル転送同様の機能だけでなく，トンネリングなどの機能も持っています．トンネリングとは，確立された接続の中に，別のプロトコル用のネットワーク接続（トンネル）を設置することを指します．特に，SSH の接続は既に暗号化されていますので，暗号化されていないプロトコル用のトンネルを設置することで，そのプロトコルも安全に使用することができるようになります．

アプリケーション・プロトコルについては，第 13 章で詳しく解説します．

4.2.2 トランスポート層プロトコル

アプリケーション層の 1 つ下の階層はトランスポート層です．トランスポート層の代表的なプロトコルは，TCP（Transmission Control Protocol）と UDP（User Datagram Protocol）です．

TCP は，信頼性のある通信とその制御の役割を担っており，現在利用されているほとんどのアプリケーションプロトコルの「土台」になっています．UDP は，信頼性についてはデータの破損のみ検出可能なデータ転送の効率を優先したプロトコルです．映像・音声といった途中のデータの一部がなくても残りのデータで補完できる，もしくは一部のデータがなくても問題がないネットワークアプリケーションで用いられるプロトコルです．

トランスポート層プロトコルについては，第 8 章で詳しく解説します．

4.2.3 インターネット層プロトコル

　インターネット層の重要なプロトコルは，TCP/IP のもう 1 つの柱である
IP（Internet Protocol）です．またこの階層には，IP を補助するための ICMP
（Internet Control Message Protocol），ARP（Address Resolution Protocol）など
のプロトコルがあります．

　IP 自体はデータを隣のネットワーク機器に届ける役割のみを担うので，正
しく送信されたかどうかは確認できません．そこで，補助的なプロトコルで
ある ICMP によって届かなかったかどうかを確かめています．

　また，ネットワーク間は IP によって転送することができますが，同じネッ
トワーク内では IP によってデータを転送することができません．同一ネッ
トワーク内での通信にはハードウェアのアドレス（リンクレイヤーアドレ
ス）を用いなければならないので，ARP を用いて IP アドレスとハードウェア
アドレスの変換を行います．

　インターネット層プロトコルについては，第 9 章で詳しく解説します．

4.2.4 ネットワークインタフェース層プロトコル

　この階層では，ネットワークのハードウェア周辺のプロトコルが規定され
ています．ハードウェアの制御とネットワークとのデータの取り扱いの両方
を規定しているので，ハードウェアの制御部分を分けて考える場合もありま
す．

　物理的なメディアは Ethernet，無線 LAN（IEEE802.11 シリーズ），また光メ
ディアを使った FDDI（Fiber Distributed Data Interface），ATM（Asynchronous
Transfer Mode）などの規格に対応したものがあります．

　ネットワークインタフェース層については，第 11 章で詳しく解説します．

4.3 TCP/IP への統一

　2.3 節でも述べましたが，1990 年代に TCP/IP が一般化するまではさまざ
まなネットワーク接続のためのプロトコルが存在していました．コンピュー
タのアーキテクチャの種類だけネットワークプロトコルが存在していたと言

っても過言ではありません. それぞれのネットワークプロトコルは, そのネットワークでできることに特化したプロトコル構造になっており, その他のプロトコルを受け入れにくい構造になっていました.

他のネットワークプロトコルを採用しているネットワークと接続するためには, その間を取り持つための変換機構が必要になるため, ネットワークプロトコルの種類が増えると, 変換機構の種類も増えるということになります. また, 別の方法として, 異なるネットワークプロトコルを理解できるように対応プロトコルを増やしていく方法もあります. しかし, どちらの方法でも, 1つのプロトコルに変更が加わるだけで, 変換機構や追加対応したプロトコルにも修正を加える必要が出てしまいます. したがって, プロトコルを統一した方がよいということになるわけです.

1990年代終わり頃には, ほとんどのネットワークプロトコルが TCP/IP に取って代わられることになりました. オリジナルのネットワークプロトコルは, TCP/IP 上で動作するように変更され, 基本的には TCP/IP を採用して, オリジナルのプロトコルは別の用途で使えるように設計し直されました. その代表格が, Netware と AppleTalk です.

Netware は, Windows Server によってほとんどの機能が移行してしまいましたが, Directory Service の道で生き残ろうとしています. AppleTalk は, TCP/IP よりも早い段階から, ネットワークに繋ぐだけでファイル共有やプリンタ共有などができていましたが, 現在は TCP/IP 以上の機能を MacOS 自身が持つようになってきており, MacOS X v10.6 からは AppleTalk への対応がなくなりました.

このように, プロトコルにも流行り廃りがありますので, 現在使っているプロトコルが将来にわたって未来永劫使い続けられるという保証はありません. こういったプロトコルの流行にも敏感になっておきたいものです.

章末問題

1．OSI 参照モデルの 7 階層について調べよ．

2．ある階層が隣接する別の階層の役割（仕事）を処理するとどうなるか，
　　考察せよ．

第5章

WWW とそれを支える DNS

　現在最も利用されているプロトコルは **HTTP** でしょう.「インターネット」と一般的に呼ばれている「ブラウザ」と,インターネット上のサーバとの間での情報交換の手順をまとめたものが HTTP です.この章では,HTTP とインターネットの機能を支える **DNS**（Domain Name System）について解説します.

5.1　ネットワークアプリケーションの通信形態

　代表的なネットワークアプリケーションの形態には,**図 5.1** に示すような,**クライアント・サーバ型**,**ホスト・ワーカー型**,**Peer-to-Peer 型**があります.

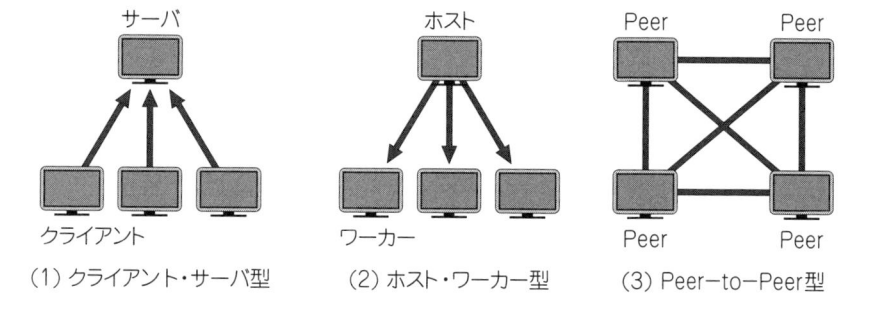

（1）クライアント・サーバ型　　（2）ホスト・ワーカー型　　（3）Peer-to-Peer型

図 5.1　ネットワークアプリケーションの形態

5.1.1 クライアント・サーバ型

クライアント・サーバ型は，ネットワークアプリケーションの基本型とも呼べるもので，1 台のサーバに不特定多数のクライアントが接続し，サーバ内で処理したデータをクライアントが受け取るという仕組みになっています．

サーバ側のプログラムは，不特定多数のクライアントからの接続要求に応答するために，常時起動した状態になっており，複数のクライアントからの接続・情報要求を同時に並行して処理します．

しかし，クライアント・サーバ型は，サーバに接続して処理を行うため，サーバへの接続が集中しすぎると，サーバからの応答に時間がかかるようになったり，サーバでの処理が止まってしまったりすることもあります．そういったことを防ぐために，サーバの性能を強化したり（スケールアップ），サーバの台数を増やして（スケールアウト）一度に行うことができる処理を増やしたり，全体で処理を滞りなく行うことができるようにする工夫をしています．

この章では，クライアント・サーバ型のネットワークアプリケーションである WWW について解説します．

5.1.2 ホスト・ワーカー型

この型は，インターネット上のサービスというよりも，分散型システムでよく用いられている方式で，主となるプログラム（ホスト）が従となるプログラム（ワーカー）を制御し，ワーカー・プログラムでの処理結果をホスト・プログラムが受け取る仕組みになっています．

この**ホスト・ワーカー型**は，計算型のプログラムにおいて，専用のプログラミングライブラリを用いて，並列処理または分散処理するプログラムとして構築されることが多いです．専用のライブラリとしては，MPI（Message Passing Interface），PVM（Parallel Virtual Machine）があります．

また，ホスト・ワーカー型のプログラミングモデルは，ホストサーバで動作するプログラムだけではなく，ワーカーのコンピュータで動作するプログラムも同時に開発する必要があります．プログラムの実行時には，ホスト・プログラムだけではなく，ワーカー・プログラムの動いているコンピュータ

の稼働確認をすることも重要です．すべてのワーカー・プログラムから処理結果が戻ってこなければ，再度処理を要求するように設計する必要があります．

5.1.3 Peer-to-Peer 型

Peer-to-Peer 型は，最近注目されているネットワークアプリケーションの形態です．クライアント・サーバ型のように，サーバに負荷が集中することを避けることができ，クライアント，サーバの区別なく，それぞれのコンピュータ（ノード）が対等な立場で，サービスを提供しあうことができます．

一括りに Peer-to-Peer 型と言っても，さまざまな形式のものがあります．管理用のノードから情報の配置場所（ノード）を検索し，そのノードとの直接通信に移行するもの（Hybrid P2P）や，管理用のノードを必要とせず，検索を中継して必要な情報にアクセスできるようにしたもの（Pure P2P）などがあります．

5.1.4 アプリケーション・プロトコル

これまでに，ネットワークアプリケーションの形態について説明してきました．この項では，そのネットワークアプリケーションのプロトコルについて少し触れたいと思います．

クライアント・サーバ型のアプリケーションでは，クライアントとサーバで合意のとれた「会話」をしなければ，そのアプリケーションでの情報処理がうまくいきません．異なる言語を話す人がそれぞれ自分の母国語で会話をしていては意思疎通ができないことと同様のことが起きます．そのようなことを避けるために，クライアントとサーバの間で合意のとれた通信方法，手続きについてまとめたものが必要になります．それが**アプリケーション・プロトコル**と呼ばれるものです．

このアプリケーション・プロトコルに従って作成されたサーバおよびクライアントプログラムは，コンピュータが異なるものであっても，互いにサーバ，クライアントを認識して通信・情報処理を行うことができるようになっています．つまり，機種依存のない，独立したプロトコルになっているということです．

アプリケーション・プロトコルにもさまざまなものがあり，その解説は第
13 章で行いますが，次節以降では，先ほど解説したクライアント・サーバ型
のアプリケーションの代表格である WWW について説明します．

5.2 WWW（World Wide Web）

WWW は現在最もよく利用されている，インターネット上のサービスです．
WWW で用いられているプロトコルは HTTP で，取り扱うデータの表現形式
を HTML と定義しました．CERN の研究者である Timothy Berners-Lee が開発
した HTTP による情報提供手段は，研究情報だけにとどまらず，現在では，
個人の Web ページ開設, 企業情報, ネットショッピング, ネットバンキング,
金融取引，e-ラーニングなど，さまざまな場面で活用されるようになって
います．

当初は，テキスト情報のみの提供でしたが，ブラウザが画像表示にも対応
したことにより，画像ファイルの提供も可能になりました．その他にも，プ
ログラムや対話型のコンテンツも表示できるようになっています．

5.2.1 WWW のプロトコル：HTTP

HTTP はアプリケーション層のプロトコルで，アプリケーション形態は**ク
ライアント・サーバ型アプリケーション**です．クライアント（利用者）から
の情報要求（Request）と，それに対するサーバの応答（Response）が基本的
な動作です．クライアントからの要求はいつ発生するか分かりませんので，
サーバは常にクライアントからの情報要求を待っている状態になります．常
に待ち受けをするプログラムについては，第 14 章で解説します．

HTTP のクライアントは，ほとんどがブラウザであると考えても構いま
せん．ブラウザに URI（Uniform Resource Identifier）アドレスを入力すると，
サーバがその URI に対応したページ情報をブラウザに転送して表示するよう
になっています．しかし，ブラウザは HTTP の仕組みをうまく隠してくれて
いるので，そのプロトコルの動作に触れることはなかなかできません．そこ
で，まず，HTTP の仕組みについて解説します．

以下の例は，WWW サーバ上でアクセスした結果です．

```
unix% telnet www.example.com 80 ⏎ … ①
Trying 127.0.0.1...
Connected to localhost.
Escape character is '^]'.
GET / HTTP/1.0 ⏎ … ②
⏎ … ③
HTTP/1.1 200 OK … ④ （ヘッダの始まり）
Date: Sat, 01 May 2021 00:00:00 GMT
Server: Apache/2.0.63
Content-Location: index.html.en
Vary: negotiate,accept-language
TCN: choice
Accept-Ranges: bytes
Connection: close
Content-Type: text/html
Content-Language: en
  … （空行：ヘッダの終わり）
<!DOCTYPE HTML PUBLIC "-//W3C//DTD HTML 4.0 Transitional//EN">
<html lang="en">
...
...
...
  </body>
</html>
Connection to localhost closed by foreign host.
```

① telnet を用いて WWW サーバ（www.example.com）に接続します．WWW
   サーバは 80 番ポートで待ち受けしているので，telnet の引数に 80 を指
   定します．
② GET 要求（リクエスト）を発行します．GET の他に POST, OPTIONS な
   どの**メソッド**があります．

③ HTTPのプロトコルとしては，リクエストの発行後には改行コードが2つ必要なので，②の改行に加えて，もう1つの改行コードを入力します．

④ その後に，WWWサーバから応答（レスポンス・ヘッダー）が戻ってきます．「HTTP/1.0」という行から次の空行までがHTTPヘッダー部分になります．このヘッダーによってブラウザの動作を決定したり（Content-Language），続いて送られてくるデータがどのようなものなのか（Content-Type）ということが記述されています．空行で終了するヘッダーに続いて，要求したデータ部分が表示されていきます．この例の場合はHTML文書なので，HTMLで書かれた文書の内容が転送されてきています．

HTML文書の中にさらに画像ファイルの指定や各種メディアの指定があれば，それをブラウザが認識して自動的にリクエストを発行していきます．例えば，画像ファイルの指定が<img src="gazou.jpg">のようになっていると，srcに指定されている画像ファイルを要求することになります．HTML文書を解析したり，その内容をブラウザ上に表示したりするための仕組みをレンダリングエンジンと呼んでいます．ブラウザによってレンダリングエンジンが異なるため，表示される内容がブラウザによって異なったり，正常に表示できなかったりということも起こります．

5.2.2 セキュリティ対応版HTTP

ブラウザを使ってさまざまなWebサイトを閲覧することができます．しかし，閲覧しているそのWebサイトは正規のものであると確かめたことはあるでしょうか．「多くのユーザーが使っているから」「有名だから」「大手の会社のWebサイトだから」と信用してはいないでしょうか．Webサイトのなかには，攻撃者が用意した偽のWebサイトが紛れてしまっているかもしれません．正規のWebサイトに似せたアドレスを使って，偽のWebサイトを設置しているかもしれないのです．

ブラウザのアドレスバーなどの部分には，閲覧しているWebサイトのURLが表示されていますが，偽サイトはこのアドレスに正規サイトのアドレスに似せたものを使っていることがあります．

　一方，アドレスバーにときどき，鍵のアイコンが付いていることがあります．Web サイトのアドレスは「http://」で始まりますが，鍵のアイコンが付いている場合は「https://」で始まります．そのアドレスで始まっている Web サイトとの通信はブラウザとの間で暗号化されていて，通信内容が保護されています．そのような Web サーバは，電子証明書（サーバ証明書）の発行を受けていて，その証明書を使って利用者のブラウザとの間の通信を暗号化しています．

　この証明書の発行には，組織の実在証明やドメイン所有の実態証明が必要になりますので，正規の Web サーバであることの証明にもなります．当然ながら，偽サイトは組織の実在証明が出せませんので，証明書の発行を受けることができません．その性質を利用して，正規の Web サイトは通信内容の暗号化だけでなく，本物の Web サイトであることを鍵のアイコンでアピールしていることになります．利用者が偽の Web サイトと正規の Web サイトを区別するための手段として利用できるわけです．

　サーバ証明書は，通信内容の暗号化だけでなく，正規の Web サイトの証明として使うことで，利用者が偽の Web サイトに間違って接続してしまうことがないようにすることができるわけです．こうした Web サイトは増えていて，今後増加していくことは間違いないと思います．

　Web サイトのアドレスはアドレスバーを確認することが大事です．また，リンク情報だけが送られてきたときなど，表面的には正規の Web サイトのアドレスになっているかもしれませんが，実際に接続するのは偽の Web サイトのアドレス，ということもあります．

　普段から Web サイトのアドレスには気をつけておくとよいと思います．

5.3　インターネットを支えるDNS

　ブラウザに URI アドレスを入力すると，サーバに接続してそのページ情報を取得しますが，URI 中に含まれるサーバ名がそのまま使われるわけではありません．ブラウザ以外のネットワークアプリケーションにも共通していることですが，サーバと接続するためには，サーバ名と対応している IP アドレ

スを使う必要があります．**IP アドレス**は，インターネットに接続しているコンピュータ等には必ず付けられているアドレスで，所属するネットワークとそのネットワーク内での位置を示します．

　IP アドレスには **IPv4 アドレス**と **IPv6 アドレス**の 2 種類があり，IPv4 では 32 ビット，IPv6 では 128 ビットの長さを持っています．つまり IPv4 で 4 文字分，IPv6 で 16 文字分の長さになります．これらはすべて 10 進数もしくは 16 進数で表現されており，IPv4 アドレスは覚えることができても，IPv6 アドレスはほとんどの人が覚えることは難しいと思います．IPv4 アドレスの例としては 192.0.2.100，IPv6 アドレスの例としては fec0:1:1:1::1，などがあります．

　そこで，IP アドレスに覚えやすい名前を付け，IP アドレスを覚えなくても，名前を使って間接的に IP アドレスを使うことができるようになっています．

　それでは，そのサーバ名から IP アドレスをどうやって呼び出しているのでしょうか．古くは，それぞれのコンピュータにサーバ名と IP アドレスの一覧を保持して，そこから検索していました．UNIX では/etc/hosts というファイルに世界中のサーバ名と IP アドレスを記述していました．代表的なサーバについては登録済みのファイルが提供されているので，それをダウンロードして自分のコンピュータに登録し，接続していたこともありました．Windows では一般的ではありませんが，%SystemRoot%\system32\drivers\etc\hosts というファイルも同じ形式で IP アドレスとサーバ名を登録することもできます．

　昔は RFC952 で定義された次ページのようなホストテーブルを作って共有していました．しかし，この方法では，サーバの数が少ない間はうまくいくのですが，IP アドレスがある日突然に変更された場合や，何百万，何千万と存在するサーバの名前と IP アドレスの組み合わせを管理し続けるには限界があります．

　そこで，インターネット上のサーバと IP アドレスをいつでも自由に検索できるシステムが必要になります．そのためには，世界中のサーバの IP アドレ

ス情報を検索できるだけでなく，その組織が管理するアドレス情報を世界中から検索できるようにする必要があります．そういった流れで開発されたのが，**DNS**（Domain Name System）です．

```
NET : 10.0.0.0 : ARPANET :
NET : 128.10.0.0 : PURDUE-CS-NET :
GATEWAY : 10.0.0.77, 18.10.0.4 : MIT-GW.ARPA,MIT-GATEWAY : PDP-11 :
          MOS : IP/GW,EGP :
HOST : 26.0.0.73, 10.0.0.51 : SRI-NIC.ARPA,SRI-NIC,NIC : DEC-2060 :
       TOPS20 :TCP/TELNET,TCP/SMTP,TCP/TIME,TCP/FTP,TCP/ECHO,ICMP :
HOST : 10.2.0.11 : SU-TAC.ARPA,SU-TAC : C/30 : TAC : TCP :
```

5.3.1 ドメインの階層構造

命名の秩序を保つと同時に，検索の効率を考えると，組織ごとに名前を統一し，組織ごとの名前空間の管理を行うことが最もよいと考えられます．そこで出てきたアイディアが**ドメイン**ということになります．

階層の最上位にあるものをトップレベルドメイン（TLD）といい，国別コードや組織コードが割り当てられています．国別コードはISO3166で定義されています．**図 5.2** では，(root) というものがありますが，実際に存在しているものではなく，ドメインの階層構造が始まる起点として扱われます．

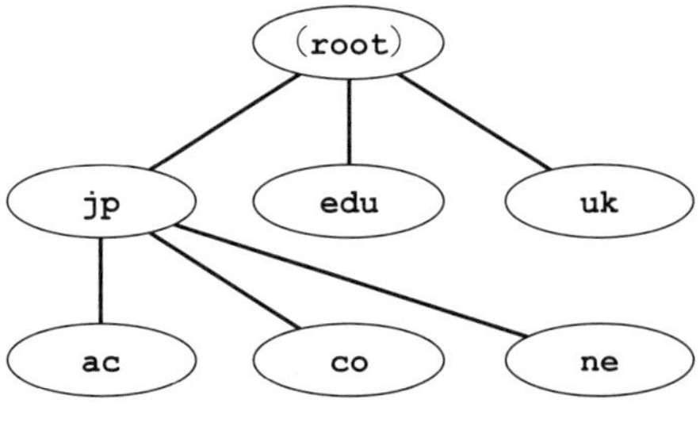

図 5.2　ドメインの階層構造

例えば，日本であれば jp がトップレベルドメインになり，アメリカの教

育機関であれば edu のようになります. 次のレベルがサブドメインというこ
とになりますが, 各レベルのドメインを「.」(ドット) で結合して表現しま
す. 日本の企業であればサブドメインは co になるので, 日本のドメイン jp
と合わせて co.jp と表現します.

　サブドメインは各国で取り扱いが異なります. 日本の場合は, 企業 (co),
ネットワーク事業者 (ne), 組織 (or), 高等教育研究機関 (ac), 初等中等
教育機関 (ed), 政府・地方自治体 (go, lg), 地域 (osaka) などのサブ
ドメインがあります.

5.3.2 DNS の利用

　ここで, DNS を利用する際の動作を解説します. 利用者のコンピュータで
ネットワークアプリケーションを利用するときに, サーバ名を指定します.

　指定されたサーバ名が IP アドレスであれば, その IP アドレスを使って接
続することになります. IP アドレスでなければ, サーバ名から IP アドレスを
検索します. コンピュータを接続している組織のネットワークには DNS サ
ーバが 1 台以上存在しますので, その DNS サーバに最初に問い合わせるこ
とになります.

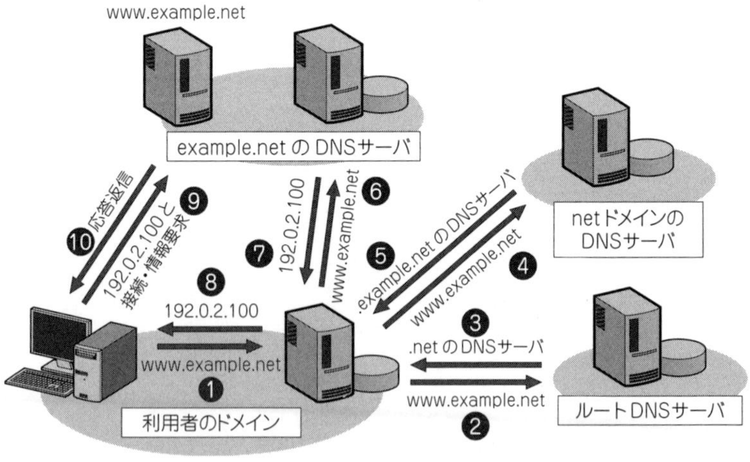

図 5.3　DNS 問い合わせの例

　DNS サーバに問い合わせて，指定されたものがその組織のサーバであれ
ば，その IP アドレス情報を問い合わせ元に返信します．その組織のものでな
ければ，上位の DNS サーバにさらに問い合わせることになりますが，その際
に問い合せる順序があります．

　自分の組織に存在しないコンピュータ名は，まずトップレベルドメインに
ついて，**ルートサーバ**という DNS サーバに問い合わせます．そのトップレベ
ルドメインを管理している DNS サーバを知るためです．そして，その DNS
サーバにサブドメインを含めて問い合わせを行います．サーバ名全体を問い
合わせるまでこの動作を繰り返し，最終的に目的のサーバの IP アドレスも
しくはそのサーバ名が存在しない，という応答を得ることができます（**図 5.3**）．

5.3.3　コマンドでの DNS サーバの利用

　ブラウザを利用すると，URI アドレスのサーバ名から IP アドレスを問い合
わせ，その IP アドレスを使ってサーバに接続します．ブラウザ以外に IP ア
ドレスを問い合わせるために，コマンドを利用する方法があります．伝統的
な nslookup と新しい dig の 2 種類があるので，これらのコマンドの簡単
な解説をします．

　nslookup では，引数としてドメイン名または IP アドレスを指定します．
nslookup は OS を問わず，一般的なコンピュータで利用できるコマンドです．
Windows ではコマンドプロンプト（cmd），MacOS X ではターミナルを起動，
UNIX 系の OS では端末エミュレータや遠隔ログインして実行してください．

```
% nslookup  www.example.com
Server: xxx.xxx.xxx.xxx
Address: xxx.xxx.xxx.xxx#53

Non-authoritative answer:
Name:   www.example.com
Address: 192.0.32.10
```

　この実行例では，www.example.com の IP アドレスを問い合わせていま

す．コマンド行の直後の 2 行は DNS サーバとその IP アドレスが表示されます．DNS サーバは nslookup コマンドを実行したコンピュータに設定されている DNS サーバになります．使用する DNS サーバを変更することはできますが，通常の利用範囲では変更する必要はありません．

　続いて，最後の 2 行ですが，問い合わせの結果が表示されます．Name: の行にドメイン名が，Address: の行に IP アドレスが表示されます．この問い合わせの場合は，IP アドレスが 1 つだけ表示されていますが，複数の IP アドレスが表示される場合もあります．

　指定したドメインが存在していない場合は，** server can't find ドメイン名: NXDOMAIN のような表示となります．

　また，逆に IP アドレスからドメイン名を問い合わせることもできます．これを逆引きと呼んでいて，nslookup コマンドに IP アドレスを指定します．

```
% nslookup 192.0.32.10
Server: xxx.xxx.xxx.xxx
Address: xxx.xxx.xxx.xxx#53

Non-authoritative answer:
10.32.0.192.in-addr.arpa  name = www.example.com

Authoritative answers can be found from:
32.0.192.in-addr.arpa  nameserver = ns.icann.org.
32.0.192.in-addr.arpa  nameserver = a.iana-servers.net.
32.0.192.in-addr.arpa  nameserver = c.iana-servers.net.
32.0.192.in-addr.arpa  nameserver = b.iana-servers.net.
32.0.192.in-addr.arpa  nameserver = d.iana-servers.net.
c.iana-servers.net    internet address = 139.91.1.10
d.iana-servers.net    internet address = 199.4.29.153
```

　コマンド行の後の 2 行は先ほどと同じですが，次の結果の表示が異なっています．コマンドの引数には 192.0.32.10 と指定したはずが，結果には 10.32.0.192.in-addr.arpa という指定していないものが表示されてい

ます.

　これは，本来 DNS はドメイン名から IP アドレスを問い合わせるものとして実装されたのですが，IP アドレスからドメイン名を問い合わせるということを追加する際に，IP アドレスもドメイン名のように表記し，それに対応した名前を問い合わせるようにしたためです.

　IP アドレスをひっくり返し（10.32.0.192），それに in-addr.arpa というドメイン名を追加して，全体で 1 つのドメインとなるように表記します. それを問い合わせることで，それに対応したドメイン名を得ることができます.

　最後の Authoritative ...の部分以降ですが，これらは逆引きをした際に利用した DNS サーバ群を表しています. これから分かることは，32.0.192.in-addr.arpa，つまり 192.0.32 のアドレスブロックの DNS サーバは ns.icann.org 等が担当している，ということで，上の逆引きの結果はこれらのサーバから戻ってきています.

　もう 1 つのコマンドである dig ですが，こちらは MacOS X や UNIX 系の OS で利用できるコマンドで，nslookup よりも詳しい結果を表示することができます.

　問い合わせの結果は ANSWER SECTION:に表示されます.

```
% dig www.example.net
;; QUESTION SECTION:
;www.example.com.       IN      A

;; ANSWER SECTION:
www.example.com.       117113   IN      A       192.0.32.10

;; AUTHORITY SECTION:
example.com.           117113   IN      NS      a.iana-servers.net.
example.com.           117113   IN      NS      b.iana-servers.net.
;; ADDITIONAL SECTION:
b.iana-servers.net.    4913     IN      A       193.0.0.236
```

　問い合わせの結果は nslookup コマンドのときとほとんど同じですが，問い合わせを処理した DNS サーバに関する情報が加わっています．

　逆引きの場合も同様ですが，nslookup コマンドと異なるのは，逆引きの場合には IP アドレスをひっくり返して in-addr.arpa を追加し，さらに引数に ptr を付け加えることです．問い合わせの結果は ANSWER SECTION: に表示されます．

```
% dig 10.32.0.192.in-addr.arpa ptr
```

　これらのコマンドラインツールは，日常的に使用するというよりも，通常のアプリケーションで名前解決ができない等のトラブル時に特に役に立つものです．正しい URI を入力しているにも関わらず，ブラウザにエラー表示が出てしまう場合などに，DNS での名前解決ができているかどうかを確かめるために使用されます．名前解決ができている場合には，他の原因が考えられるので，その方面での調査を継続することになります．

5.3.4　DNS サーバの安定運用

　DNS サーバが存在していることで，利用者は IP アドレスを覚える必要がなくなり，サーバ名を覚えるだけで済みます．一般家庭に DNS サーバが設置されることは稀だと思われますが，ブロードバンドルータが DNS の中継機能を担っていることもあります．

　DNS サーバは「1 つの組織（ドメイン）に 1 台以上」が必要となります．DNS サーバに故障が発生したり，DNS サーバの繋がっているネットワークに障害が発生したりすると，その組織のネットワークから名前を利用したアクセスができなくなります．ネットワークの規模が比較的小さな組織では，1 台でも被害はそれほど大きくならないのですが，大きな組織になると 1 台では被害も大きくなりがちです．

　そこで，比較的大きな組織であれば，DNS サーバは 2 台以上，もしくは別のネットワークに設置することが望ましいと考えられます．2 台以上設置しても，利用者には 1 台の DNS サーバであるかのように運用することも可能

ですし，その構成で複数のネットワーク上に配置することも可能です．DNS はインターネット環境だけではなく，組織内の情報システムの利用にも重要な役割を担っていますので，可用性の面からも DNS サーバの安定した運用が重要です．

5.3.5 DNS のセキュリティ問題

　DNS サーバの可用性については 5.3.4 項で述べました．しかし，DNS サーバが取り扱うデータの完全性については，名前解決の仕組みだけでは不十分な点があります．

　それは，DNS サーバのなかでもキャッシュサーバと呼ばれる DNS サーバで引き起こされる問題です．DNS キャッシュポイズニングという攻撃手法があり，攻撃者によって不正な DNS キャッシュデータを送り込まれ，それを使って名前解決を行ってしまった利用者が，その不正な IP アドレスを持った偽の Web サイトへ接続してしまい，ID・パスワードの漏えいや個人情報の漏えいなどが発生しています．

　この問題は，DNS サーバがある DNS サーバの応答を正しい応答として受け入れてしまうことが原因となっているため，その応答を何らかの形で確認する必要があります．この問題を改善するための仕組みが，DNSSEC（DNS Security Extensions）です．応答を受け取る際に，「鍵」と「署名」を付けて，それが正しいかどうかを受け入れ前に判定するわけです．

　暗号技術については 3.3.3 項で少し触れましたが，DNSSEC で用いる「鍵」と「署名」も暗号技術に基づいて作成されたものです．この「鍵」と「署名」が付いていることにより，攻撃者が作成した不正な DNS 応答が不正なものであることを確認でき，それを受け入れないことで，利用者は不正なWeb サイト等へ接続しないようにすることができます．

　DNS サーバ間の対応になりますので，一般利用者には関係のないように思われますが，利用者の不利益にならないように，サーバ側の対策もこのような形で日々行われています．

章末問題

1．HTTP についての RFC を調べよ．

2．nslookup や dig コマンドで，利用しているコンピュータやインターネット上のサーバの名前解決を試みよ．

3．DNS キャッシュポイズニングについて，詳しく調べよ．

第6章

Webアプリケーションとセキュリティ

　近年，インターネット利用のブロードバンド化が進展し，いつでもどこで
も大容量のデータにアクセスすることが可能になってきました．さらに，第
5章でも述べたように，ブラウザを利用することも非常に多くなってきていま
す．また，「コンピュータを利用すること」＝「ブラウザを利用すること」と
いうユーザーも増えているのも事実です．

　そして，現在，WWWを利用したネットワークアプリケーション（Webア
プリケーション）の台頭により，ネットワークアプリケーションの形態が変
わってきました．それとともに，ネットワークアプリケーションに求められ
るセキュリティ対策も変化してきています．

　この章では，Webアプリケーションとそのセキュリティ問題について解説
します．

6.1　Webの利用法の変化

　WWWの利用が始まった頃は，Webサーバから取り出された情報が利用者
のブラウザに表示されるのみで，情報の流れはサーバから利用者に向けた一
方向のみでした．それを双方向にするために，CGI（Common Gateway
Interface）という仕組みが考案されます．CGIはサーバ側で動作するもので，
さまざまなプログラミング言語を使って作成することができます．また，ほ
とんど同時に，SSI（Server Side Includes）という仕組みが開発され，Webサ
ーバがクライアントのブラウザにページ情報を送る前にページ内を走査して，
SSIの部分を置き換えて送信できるようになりました．CGIはクライアントの
ブラウザからの情報提供がなければ動作しないものですが，SSIはWebペー

ジを表示する際に自動的に動作するという違いがあります.

6.1.1 CGI の仕組み

CGI を動かすためには，Web サーバの設定が必要になります．CGI スクリプトとして認識させるための Apache HTTPd での設定例は次のようになります.

```
...
AddHandler cgi-script .cgi .pl
...
```

この例では，.cgi と.pl という拡張子が CGI として利用できるようにしています．これ以外の拡張子を CGI として利用する場合も同様に設定します．また，どの位置（ディレクトリ，フォルダー）でも CGI が動作できるのではなく，Apache HTTPd に Options という設定項目に ExecCGI という「CGI の実行を許可する」指示があり，そこで指定されている位置に配置されている CGI しか動作できません．すべてのディレクトリで CGI を動作させることも可能ですが，CGI スクリプトではそのサーバ上で実行できることがほとんど実行できますので，一般利用者の所有する CGI には注意が必要です.

CGI を実行するインタフェースとして，HTML 文書内に記述できる form というタグがあります．HTML 文書内の form の中に，テキストボックス，ラジオボタン，メニューやボタンなどの入力インタフェースを記述することで，利用者のブラウザにそれらが表示されます．ボタンなどによって，それらのインタフェースに入力された情報を Web サーバに伝達します．情報を送られてきた Web サーバは，それらを元に処理した結果を利用者に返信します.

6.1.2 SSI の仕組み

SSI を許可するためには，Options ディレクティブに+Includes を指定するか，既に存在する Options に Includes を追加します．SSI を利

用すると，任意の文字列を表示させたり，Web ページの更新情報
（LastModified）を表示したり，サーバ上で実行した結果を挿入（exec）
することができます．

```
...
<!-- #echo var="LastModified"-->
<!-- #exec cmd="date"-->
...
```

　1 行目は echo コマンドで変数 LastModified の内容をその位置に表示し
ます．2 行目は exec コマンドで（もしも実行可能ならば）date コマンドの
実行結果をその位置に表示します．
　このような SSI を実行するためには，Web サーバ側の設定も必要になりま
す．SSI を利用できたのは NCSA HTTPd からで，CERN HTTPd では利用でき
ませんでした．Apache HTTPd（NCSA HTTPd の後継）でも SSI を利用する
ことができます．

```
...
AddType text/html .shtml
AddOutputFilter INCLUDES .shtml .html
...
```

　このように拡張子 .shtml の場合に SSI を有効にします．.html の場合に
も SSI を有効にしたい場合も，この行に .html を追加します．しかし，.html
を追加すると，SSI を含んでいない Web ページもサーバが一度走査するとい
う処理が必要になりますので，若干ですが Web サーバの負担になります．そ
れを避けたい場合は，.shtml のみにして，.html は追加しないようにすべ
きです．

6.1.3 form の仕組み

form の具体的な例は次のようなものになります.

```
...
<form name="form" action="action.cgi">
<input type="submit" value="送信" />
</form>
```

form タグには,フォーム自身を示すための name 属性の他に,action タグを含めることができます.action には Web サーバ上で動かす CGI を指定します.ここでは action.cgi という CGI が指定されていて,このフォームを含んでいる Web ページと同じ場所に配置されている action.cgi が動作することになります.

action 属性がない場合は,input 要素の button タイプ,もしくは,button 要素を使ってフォーム内容を処理する仕組みを用意しておきます.

このフォームは最も簡単なもので,フォームの中には送信ボタンが 1 つだけしか配置されていません.このボタンを押すことで,サーバ上で action.cgi が動作し,その結果がブラウザに表示されます.つまり,この action.cgi が Web ページの情報を生成することになります.ただのテキスト情報かもしれませんし,さまざまなコンテンツを内包するような高度な Web ページかもしれません.その内容を決定するのは,action.cgi の処理次第ということになります.

もう少し,フォームの内容を増やしたものを見てみましょう.次ページのフォームの場合は,テキストボックスが含まれており,このテキストボックスに文字列を入力することができます.数字なども入力可能ですが,すべて**文字列**という扱いになります.

そして,action 属性に指定されている action.cgi がサーバ上で動作して,フォームの内容,つまりテキストボックスの内容を処理します.その際に,フォームの内容を action.cgi プログラムの中で利用できるように,転送されてきたデータを取り出す必要があります.

その取り出し方法は，method 属性に指定される POST や GET で異なります．データの送信は POST でも GET でもどちらでも構わないのですが，例えば，次のようなフォームでデータをサーバに送るときに，method が GET の場合は URI が 「action.cgi?inputtext=入力した内容」になります．この URI 情報がログ等に記録されることを避けるため，最近ではどのフォームでも POST を使う傾向にあるようです．

```
...
<form name="form" action="action.cgi" method="POST">
<input type="text" name="inputtext" size=40>
<input type="submit" value="送信">
<input type="reset" value="リセット">
</form>
...
```

6.1.4 検索エンジンの仕組み

CGI を利用した最初の Web アプリケーションの1つは，**検索エンジン**であると考えられます．現在，検索エンジンはいろいろなポータルサイトに備わっていて，キーワードを入力することにより，そのキーワードを持っているページへのリンク情報を表示します．

検索エンジンは，先に説明したフォーム内のテキストボックスにキーワードを入力し，action 属性に指定されている CGI プログラムを Web サーバ側で動作させることで成り立っています．

6.1.5 動的コンテンツの導入

検索エンジン以外にも，Web ページのコンテンツはさまざまなものを導入していきます．Web ブラウザ上で Java アプレットなどの対話型のコンテンツも動くようになっています．それぞれ，ブラウザのアドオン（追加機能）として動作します．

これらのコンテンツでは，利用できるブラウザを選ぶなどの問題を抱えて

はいますが，大多数の利用者に動的なコンテンツを提供することのできる仕組みとして多用されています．

6.1.6 スクリプト言語の導入

Java の利用ができるようになった頃に前後して，**スクリプト言語**によるブラウザの拡張も行われました．当初は，ブラウザの設定を行うための言語として作られたものでしたが，その後に Web ページ内に記述することにより，動的コンテンツを作成することができるようになりました．

代表的なスクリプト言語としては，JScript，JavaScript がありますが，どちらも同じことができるようになっています．しかし，「同じことができる」にも限度があり，そのために互換性の低さが問題となり，それを標準化する目的で ECMAScript（エクマスクリプト）が策定されました．Ecma International という団体が ECMAScript を策定し，ECMAScript を標準規格としてさまざまなアプリケーションが対応しています．

6.1.7 Web プログラミング言語の導入

CGI を作成するプログラミング言語として，さまざまな言語を利用することができますが，フォームに登録できる情報も多くのものがあるため，CGI プログラムではフォームのデータを取り出すための処理の記述も複雑になってしまいます．プログラミング言語によっては，フォームのデータを取り出す部分の記述が得意でないものもあり，CGI の作成に困難が生じるようになってきました．

そこで，フォームとその処理を簡略化するために，**PHP**（PHP : Hypertext Preprocessor）という Web プログラミング言語ができました．PHP は汎用性の高いスクリプト型言語で，HTML 文書の中に埋め込んで使ったり，PHP スクリプトとして独立して利用したりすることも可能です．PHP スクリプトを form の action 属性に指定することで，フォームに入力されているデータを簡単に取り出して処理することができます．

PHP スクリプトの中で，form 要素の method 属性に POST を指定した場合のフォーム内のデータは$_POST 内に，GET を指定した場合は$_GET 内に

格納されます．これらの変数は**スーパーグローバル配列**と呼ばれます．PHP
でフォームを処理する際に自動的に割り当てられる配列の 1 つで，具体的
な例は，6.3.3 項で解説します．

6.2 近年の情報システムの構築法

　利用者のアプリケーションの利用形態が，コンピュータ本体のアプリケー
ションを利用することから，ネットワーク上のサービスを利用することへ転
換する時期に差しかかっています．これは，利用者がブラウザを利用する機
会が増えていることと，HTTP を共通プロトコルとして，その上にアプリケ
ーションを展開することが可能になったことが大きな理由です．

6.2.1 Web サイトの統一的な管理

　Web サーバに置かれている Web ページなどのコンテンツは，公開する人
が自由に編集することができます．Web ページそのものの編集も自由度が
高く，どのような Web ページ編集ソフトウェアを使ってもよいのです．しか
し，ページごとにデザインが異なったり，表示されるページのレイアウトが
異なったり，統一感のない Web サイトになりがちです．

　そこで，Web サイトのコンテンツを管理するためのシステムである，**CMS**
（Contents Management System）が作られました．CMS を使うと，Web サイ
トの管理が簡単になるだけでなく，そのコンテンツに統一感を与えることが
できます．管理システムですので，誰でも Web ページの編集や Web サイト
のデザインを変更できては困ります．CMS の基本的な情報を守るための利用
者認証も含まれています．さらに，その Web サイトに公開・非公開の区分を
設けて，非公開部分にアクセスするためには利用者登録が必要な CMS もあ
ります．

　また，Web ページの編集機能も持っているものもあり，HTML 編集ソフト
ウェアなどがなくてもすぐに Web ページの編集を始めることができます．
CMS の基本的なシステムだけでなく，CMS の機能を拡張できるアドオンパ
ッケージなどを導入して，さらに便利な Web サイトにすることも可能です．

　代表的な CMS としては，MovableType，XOOPS，WiKi などがあります．これらの CMS のなかには，後で解説することになりますが，データベースサーバと連携して動作するものもあります．

6.2.2 PHP の利用の拡大

　PHP は汎用性が高く，Web サーバのプラットフォームを選ばないスクリプトなので，さまざまなサイトで利用されています．PHP を利用した CMS もあり，CMS の環境さえ用意できれば，すぐに Web サイトの運営を始めることもできるようになっています．

6.2.3 データベースとの連携

　スクリプト言語だけでは提供できる情報量には限界があり，さらに大量のデータを提供できるようにデータベースサーバの利用が考えられました．現在の主流は，**リレーショナルデータベース管理システム**（RDBMS：Relational Database Management System）です．データベースサーバとのデータのやり取りには **SQL**（Structured Query Language）という言語を使っていますので，**SQL サーバ**と言った方がよいかもしれません．SQL サーバとスクリプト言語を組み合わせて，インタフェースの設計，データ処理の命令生成，実行処理をスクリプト言語で行い，データの格納・検索・更新・削除などを SQL サーバが担当するようにしています．

　データベースと連携した Web サイトを構築するだけならばデータベースの深い知識は必要ありません．しかし，データベースを操作するための最低限の知識は必要になります．データベースを作成したり，テーブルを作成したりする方法は SQL サーバごとに異なるのですが，SQL 言語の INSERT（データの格納），SELECT（検索），UPDATE（更新），DELETE（削除）などの基本的な命令を知っているだけで，Web サイトを構築することができます．例えば，name テーブルから全データを検索する SQL 文は次のようになります．

```
select * from name;
```

　＊の位置には列名を指定します．name 以降には検索条件を追加できますが，この例の場合は条件がありませんので，「いずれのデータにも一致」という意味になり，その結果全データが検索されることになります．

　このような SQL 文をスクリプト言語で生成し，格納・検索・更新・削除を行いながら，利用者との情報のやりとりを進めています．

6.3 Webアプリケーションのセキュリティ

　Web サーバ，スクリプト言語，データベースサーバ，OS などそれぞれさまざまな種類のものがありますが，Web サーバに Apache HTTPd，データベースサーバに MySQL，スクリプト言語に PHP や Perl を使ったものを総称して，XAMP（それぞれの要素の頭文字を取ったもの）と呼んでいます．「X」には OS の名称が入り，Solaris を使ったものを SAMP，Linux を使ったものをLAMP と呼びます．「AMP」の部分は OS 環境を選びませんので，このような命名法になっています．

　XAMP 環境を用意することにより，サイト管理者がプログラミングをすることなく，すぐに Web サイトや Web アプリケーションを設置することができるようになりました．このような環境で動作するネットワークアプリケーションを **Web アプリケーション**と呼びます．先ほど紹介した CMS も Web アプリケーションの 1 つです．

Webアプリケーション	
PHP	
Apache HTTPd	MySQL
オペレーティングシステム	

図 6.1　XAMP 環境

Web アプリケーションのなかには，データベースを利用するものがありま

すが, そのデータベースの構造が複雑なものも多く存在します. 本来ならば, 利用者にデータベースの管理権限を与えて, データベースの構造を手作業もしくはバッチ処理で作成すべきですが, データベースサーバに接続して作業しなければならないという手間がかかります. そこで, Web アプリケーション自体にデータベースの操作に関する部分も含めて, 利用者がデータベースを直接操作することなく, データベースの構造を自動的に作成できるようになってきています.

現在, さまざまな Web アプリケーションを利用したり設置したりすることができますが, それらのアプリケーションのなかには, 利用者からの入力情報のチェックが甘いものがあり, 情報漏えいや侵入事件につながる場合が少なくありません. この節では, 近年の情報システムの構築方法とそれらに関する脆弱性について解説します.

6.3.1 コンピュータプログラムに共通した問題

Web アプリケーションだけでなく, コンピュータプログラムに共通した問題として, プログラムに入力されるデータの問題があります. プログラムを作成する人は期待される入力値の範囲を想定してプログラミングしますが, プログラムを実行する人がその範囲内での入力を行うかどうかは実行する人次第です. 整数値の入力を期待している箇所に実数値を入力する, 数値の入力を期待している箇所に文字列を入力する, などさまざまなパターンを考えることができます.

そのような状況を想定してプログラミングすべきですが, その入力値を検査することは一筋縄ではいきません. あらゆるパターンを考えて, それらに対応したチェック機能を盛り込む必要があるからです. しかも, プログラムを作成する人は, 入力値の検査ではなく, プログラムの他の部分に注力したいかもしれませんし, プログラムを分担して作成していて入力値についてのチェックは他の開発者に任せているかもしれません. この話題については, 第 7 章で触れることにします.

6.3.2 ネットワークアプリケーションに関する問題

　ネットワークからの情報を受信・処理し，処理結果を返信するネットワークアプリケーションにとって，ネットワークから届く情報および返信する情報はそれぞれ入力と出力に相当します．受信するデータに誤りがあるとアプリケーションの誤作動の原因になりますし，返信する情報に誤りがあると受け取ったコンピュータでの動作にも影響を及ぼします．つまり，コンピュータプログラムの一種であるネットワークアプリケーションについても，入出力データのチェックを行う必要があります．

　また，ネットワークアプリケーションには，一度の送受信データのやり取りだけで情報処理が完結するものや，複数のデータのやり取りが必要なものなど，さまざまなものが存在します．一度の送受信データのやり取りだけの場合では，入力（受信）と出力（送信）についておかしなものが含まれていないかどうかのチェックをすればよいのですが，複数のデータのやり取りが必要なアプリケーションでは，データのやり取りの進行状況によって判断すべき点が異なりますので，そのアプリケーションの設計時に状態遷移と送受信すべきデータを詳細に検討しておくことが必要です．

6.3.3 Webアプリケーション特有の問題

　Webアプリケーションに関する問題点としては，前述の入力値のチェックだけではなく，Webアプリケーションが他のシステムに影響を与えないような構造になっているかどうか，ということについても敏感になる必要があります．Webアプリケーションを稼働しているサーバはコンピュータ・ネットワークにつながれているため，コンピュータ上の通常のプログラムのように，そのプログラムだけの問題にとどまらず，ネットワークを介して別のシステムに影響を及ぼす可能性があります．

　特に，現在のようにXAMP環境が整っていると，簡単にWebアプリケーションを作成することができるため，入力値のチェックを怠っているアプリケーションでも実際に運用されてしまっているところもあります．どのような部分が問題になるのかその例を示します．

```
1  ...
2  <form name="form" action="action.php" method="POST">
3    <input type="text" name="input" />
4    <input type="submit" value="Send" />
5  </form>
```

```
1  <?php
2
3  $input = $_POST['input'];
4
5  echo "\n\n";
6  echo $input,"\n";
7  ?>
```

　上記のフォームおよびプログラムでは，フォーム内に入力された文字列を action 属性に指定されている action.php で取り出し，その値をそのままプログラム内で使っています（echo）．この場合，echo 命令で入力値がそのまま表示されるだけのものですので，それほど大きな問題にはなりませんが，echo 命令が実行されるのはサーバ上ですので，その段階で問題が発生することもありますし，そのページ情報を受け取ったブラウザ上で発生することもあります．

　サーバに伝達されたフォーム情報は，サーバ上で取り出されてスクリプトで利用できるようになります．その際に入力チェックをしていない場合，入力されたデータをそのままサーバ上で利用することになり，サーバ上で直接実行できるプログラム名などが指定されていると，その時点でそのプログラムなどが動作してしまいます．

　また，PHP スクリプトはブラウザからのリクエストを受けてサーバ上で実行され，Web ページの情報を作成し，それをブラウザに送ります．その際にブラウザで実行できるような命令（JavaScript など）が含まれていると，ブラウザはそれを忠実に実行してしまいます．このような部分に Web アプリケ

ーションの問題が潜んでいます.

　特に問題となるのは,記号を入力された場合で,それらの記号はサーバ上で自動展開する命令であったり,SQL 文の終端を表す記号であったりします.サーバ上で自動展開する命令としてはバッククォート記号（ヽ）が有名ですが,これは UNIX 系の OS で用いられる記号で,バッククォート記号で実行コマンドを挟み込む形式で記述します.Web サーバが UNIX 系の OS で動作しているときにこの記号が含まれていると,CGI で取り出したフォームデータを利用する,つまりフォームデータを格納した変数を使った演算などの操作を行った段階で自動展開され,指定されたコマンドが実行されることになります.この攻撃方法はコマンドインジェクション攻撃と呼ばれます.

　SQL 文の終端を表す記号はセミコロン（;）ですが,その後ろに何が追加されるかによって,影響の度合いが変わってきます.特にユーザー名とパスワードを入力するようなフォームでユーザー認証を行う場合,最悪の場合はセミコロンを使って,ユーザー認証の部分をスキップしてログインできてしまう可能性もあります.この攻撃方法はSQL インジェクション攻撃と呼ばれます.

　このようなことを避けるために,PHP では最低限の対策を推奨しており,フォームからの入力値を htmlspecialchars() という機能を使って,特殊な記号を無効化できるようになっています.この機能を使うかどうかはPHPスクリプトを作成する人,つまり Web アプリケーションの作成者次第ですが,その人が$_POST や$_GET スーパーグローバル配列に適用するだけなので,最低でもこの機能を使うべきであると思われます.

　この項で紹介した PHP スクリプトを書き換えると,次のようになります.

```
$input = htmlspecialchars($_POST['input']);
```

　特殊記号を無効化する対策はこれだけで済みますので,もしも対策を施していない PHP スクリプトがあれば,ぜひ対策を行ってもらいたいと思います.

章末問題

1. フォームに入れることができる要素について調べよ.

2. SELECT 以外の SQL のステートメントの使用法について調べよ.

3. 本文中では，Web アプリケーションのプログラミング言語として PHP を採り上げたが, 他の Web アプリケーション向けのプログラミング言語について，そのデータの受け渡しの仕組みについて調べよ.

第**7**章

マルウェアに対する防御と対策

　この章では，情報システムへの脅威について解説し，悪意あるソフトウェア（malicious software：malware，マルウェア），広義のマルウェアから狭義のマルウェアまで解説していきます.

7.1 脅威への対応，対策

　情報システムのセキュリティ対策上，特に重要とされてきているのは，**機密性**（Confidentiality），**完全性**（Integrity），**可用性**（Availability）です.これらの性質を守るためには，情報システムに対する脅威としてどのようなものがあるか，というリスク（Risk）を列挙し，具体的にどのような行動をとればよいか，といったことを基準やルールとして守っていく必要があります.

　情報システムというと大袈裟に聞こえますが，自分のコンピュータそのもののことを考えればよいでしょう.そのコンピュータ内にどういった情報（ファイル等）が保存されているでしょうか.それは保存したときの状態のままでしょうか，何か変わっている点はないでしょうか.それはなくなっては困るものでしょうか，それとも何らかの方法で元に戻すことはできるでしょうか.こういったことを考慮しながらコンピュータを使うことによって，脅威への対応は随分変わってきます.脅威を知らなければその対策もできませんし，対策ができていてもそれを継続することが必要になります.

　最近はコンピュータウイルス（狭義のマルウェア）の駆除・感染防止を行うソフトウェアも一般的になっており，「コンピュータウイルスがどういうものであるか」ということを特に知らなくても対策ソフトウェアを導入することで対策が完了している，と思っている利用者も多くなっていると思います.

これは極端な言い方をすると,「脅威を知らずに対策を行い,その対策を継続していない」ということになります.

　以下の節では,まず情報システムへの脅威について知り,その被害がどういうものかを知り,そして,その対策をどうすればよいかということについて解説していきます.

7.2 マルウェアの種類

　悪意あるソフトウェアと聞いてもピンとこない方もおられるでしょう.では,コンピュータウイルスはどうでしょうか.こちらは耳に入ってくる機会が非常に多くなりましたので,耳慣れしていることと思います.

　コンピュータウイルス,ワームもマルウェアと呼んでよいと思います.しかし,世の中には他にもさまざまな種類のマルウェアが存在しており,コンピュータウイルスはその中の1つ(狭義のマルウェア)に過ぎません.その他のマルウェアとしては,スパイウェア,アドウェア,ボット,トロイの木馬などがあります.

　次項以降で,それぞれの特徴などについて説明します.

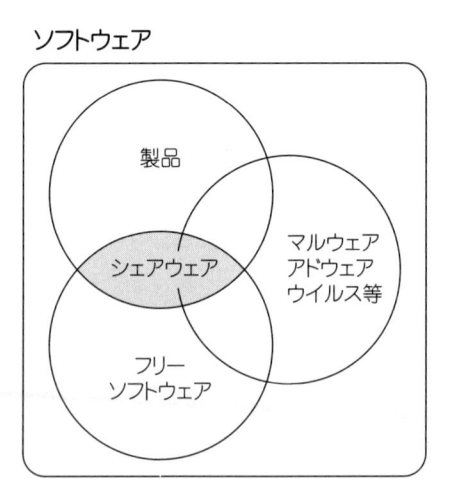

図7.1　ソフトウェアの分類

7.2.1 トロイの木馬

　ギリシア神話に描かれたトロイの木馬にちなんだ名前で呼ばれているコンピュータプログラムのことです．一見して，何の変哲もないプログラム，有益なプログラムなどのように見えますが，あるイベント（ファイル，日付・時刻など）をトリガー（引き金）にして別の動作を始めるというプログラムを指しています．ほとんどのものが悪意のある動作を行うため，コンピュータウイルスの一種として捉えられていますが，他のプログラムやファイルに感染することはないので，ウイルスとは区別されています．

　この「別の動作」としては，そのコンピュータを遠隔操作できるようなバックドア（裏口）を設置したり，そのコンピュータに格納されている情報（ファイルそのもの，画面情報，パスワード情報，キーボード操作など）を漏洩したりなどの悪意ある行動を引き起こします．遠隔操作できるようになることから，RAT（Remote Administration Tool）として位置づけられるものもあります．

7.2.2 スパイウェア，アドウェア

　スパイウェア（Spyware）はトロイの木馬とよく似た動作をしますが，元のプログラムとは切り離して動作するものです．元のプログラムを導入した際にこっそりとコンピュータ内に設置されるもので，それが動作していることを確認することが難しかったり，実体を発見することが難しかったりします．

　スパイウェアはコンピュータが起動している間はずっと動作しており，トロイの木馬と同様に悪意を持った動作を行っているものです．そういった動作を行うだけならまだしも，取得した情報をインターネット上のどこかに送信するという動作も起こします．

　アドウェア（Ad-ware）は，それ自体に悪意はないとされていますが，利用者の利用履歴などを勝手に取得して，それに応じた広告を表示する，といった点では迷惑なソフトウェアの1つであると考えられます．ビジネス上は有益であると言えますが，利用者にとっては迷惑であることから，マルウェアの1つとして取り上げられます．

7.2.3 ボット

　毎年，多数の被害が出ているボット（Bot）ですが，名前の由来は「ロボット」です．しかもこのボットがネットワークを組んでおり，**ボットネット**（Bot Net）と呼ばれています．世界中で数千万台ものコンピュータ内にボットが潜んでいると言われており，何らかの意図（悪意の有無に関わらず）を持つボットネットの管理者が，1 つの指令を送るだけで数万台のボットが稼働しているコンピュータに指令を送ることができると言われています．

　何万台ものボットからある特定のサーバに向けて一斉にデータを送られると，それだけでそのサーバは処理が追いつかない状態になり，最悪の場合はすべての処理が停止してしまう状態になります．これを DoS（Denial of Service）攻撃と呼んでおり，最近の DoS 攻撃にはボットネットが絡んでいるとされています．

　ボットネットは世界中のコンピュータに分散して設置されているため，その駆逐には多大な労力を必要としています．通常のウイルス対策ソフトウェアでは検出できないものも存在しているため，場合によっては，ボット専用の検出ソフトウェアを利用して駆除する必要も出てきます．

7.2.4 プログラムの異常動作

　コンピュータプログラムを動かすと，コンピュータ内の記憶領域（メモリー）に読み込まれて実行されます．記憶領域には，プログラム本体の実行部分，プログラム内の関数の位置，それらの関数などで使う変数などの格納位置，関数からプログラム本体へ戻るための情報などが記憶されます．

　特に，関数を利用する際に，変数やプログラム本体へ戻るための位置を格納する場所があり，プログラムにあるデータを与えると，これらの変数へ格納するデータが異常なものとなり，プログラム本体へ戻るための位置を書き換えてしまうものがあります．

　プログラムに与えるデータが大きすぎると，変数に格納される情報が溢れてしまって，プログラム本体へ戻るための位置が格納された記憶領域までも書き換えてしまい，本来動くはずのない機能が動いてしまいます．この異常動作を**バッファオーバーフロー**と呼びます（**図 7.2**）．

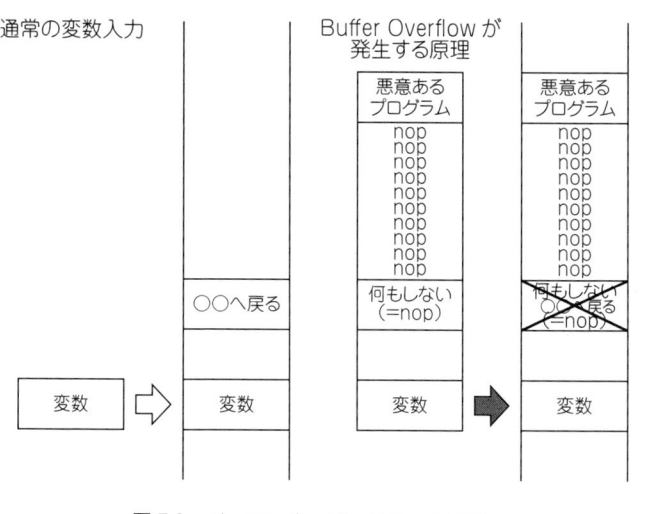

図 7.2　バッファオーバーフローの原理

　本来動くはずのない機能は，バッファオーバーフローによってアセンブリコードで提供されます．プログラムへ戻るための位置が格納された部分を何かで隠す必要があるので，「何もしない」という命令で隠します．

　「何もしない」という操作は，Intel x86 アーキテクチャのアセンブリコードでは **0x90**，ニーモニックでは **nop**（no operation）になります．このコードによって埋め尽くされたプログラムは「何もしない」ので，必要な数だけ nop で埋めて，元のプログラムにはなかった機能へジャンプするように書き換えてしまえばよいことになります．

　バッファオーバーフローでは，nop で上書きして，不正な機能とその機能へジャンプする指示を与えるようなアセンブリコードを構成して，プログラムにデータを渡して，元の機能とは違う動作をします．その結果，権限が昇格して OS に影響を与えてしまったり，プログラムの誤作動で異なる結果が出たりします．

7.3 被害の状況

　マルウェアによる被害にはさまざまなものがありますが，最大の被害は情報システムが機能しなくなること，そして，情報が失われること，でしょう．

　悪意のある人は被害が最大になるようにしかけてきます．その動機には「お金」があるかもしれませんし，政治的な目的があるかもしれません．それらの目的によって使われる技術が異なります．基本的には，弱いところを攻めることによって，そこから被害を拡大させていきます．

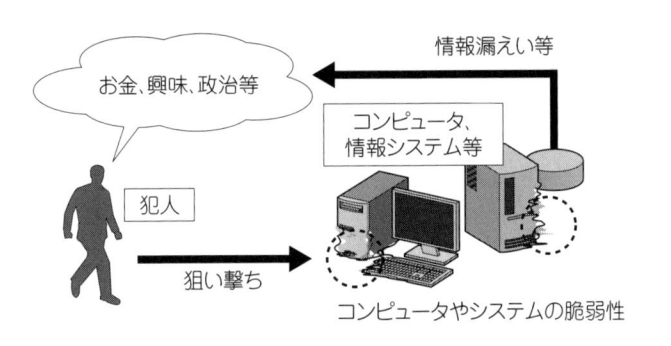

図 7.3　脆弱性を残しておくことの危険性

　まず，OS やアプリケーションプログラムの弱いところ（Vulnerability：脆弱性）を悪用することにより，アプリケーションプログラムの権限が昇格し，管理者権限でプログラムが動き出します．OS のほとんどの機能が管理者権限で動いており，ファイルなどの資源も管理者での操作が可能なため，権限が昇格したプログラムから自由に操作ができる状態になります．これが権限昇格の危険性です．

　権限が昇格しなくても，そのアプリケーションの権限で利用可能なファイル等に関しては自由に操作できますので，管理者権限でプログラムを動かしていないから完全に安全な状態である，ということはありません．一般の利用者のファイル等も大事なものですから，それらの安全性，完全性を保つことができないのは，やはり脅威となります．

　次に，情報システムが機能しなくなることも問題です．情報システムが機能しなくなる原因としては，システムのファイルが改竄（かいざん）されて正常に動かなくなる，システムで扱っているデータが壊れて使えなくなっている，などが考えられます．第6章で解説したように，Web アプリケーションには特有の脅威というものが加わります．

　また，メールでのコンピュータウイルスの不特定多数への拡散も脅威の 1つですが，最近ではその攻撃の確実性を増すために，特定の人宛てに直接送信する，標的型攻撃というものもあります．例えば，会社の上層部に対して，いかにも普通のメールらしいものに，情報を漏洩させるようなウイルスを添付して送信し，誰か1人でも開くとそこから情報漏洩活動が始まるようなものも存在しています．

　以上のようにさまざまな被害状況はありますが，それらを防止するための方法等について，次節で解説します．

7.4 マルウェアによる被害の防止および対策

　7.3節で述べたように，マルウェアによる被害にもいろいろなものがあります．ネットワークに繋ぐということは，悪意のあるデータを知らない間にもらってしまうということも十分に考えられます．そのデータが先ほど解説したマルウェアであったら，情報漏洩につながったり，システムトラブルの原因となったりするのです．そこで，マルウェアを検出し，安全にネットワークを使うための備えをしておく必要があります．

7.4.1 スクリプト型のマルウェア

　スクリプト型のマルウェア対策としては，ブラウザに内蔵されているJavaScript などのスクリプトエンジンを動作しないように設定することも 1つですが，Web アプリケーションが多く存在していることを考えると，この対策は好ましくないと言えます．なぜなら，Web アプリケーションのなかには，スクリプト型言語で作成されたものもあり，スクリプトエンジンが動作していないブラウザでは動作しないためです．

7.4.2 その他のマルウェア

　スクリプトに対してはスクリプトエンジンの停止という手段をとることができますが，スクリプト型ではないマルウェアに対する対策はどのようにすればよいのでしょうか．

　ブラウザを使って普段と同じように閲覧できている Web ページであっても，いつの間にかマルウェアを自動ダウンロードしてしまうようなページに改変されている場合もあります．ブラウザの不具合を悪用して自動的にダウンロードしてしまうので，ブラウザの利用者には対策の施しようがないと思われがちですが，ウイルス対策ソフトウェアの開発会社はそれらのマルウェアにも対応できるものを日夜開発しています．

7.4.3 ウイルス対策ソフトウェアの利用

　コンピュータウイルスに感染することを防止するための最善策は，「データをもらわないこと」ですが，これは極論です．今日のようなネットワーク社会においては，コンピュータをネットワークに繋がずに作業ができるほど，コンピュータに何でも入っているわけではありません．何らかの形でネットワークに接続し，そのネットワークの先にある相手との通信を行いながら作業を進めていく形態，すなわち「**ネットワークコンピューティング**」が主流となりつつあります．

　ウイルス対策ソフトウェアにもさまざまなものがあり，完全に無料のもの，無料で利用もできるけれど有料で高機能版にアップグレードできるもの，1 年間のライセンス契約が必要なもの，などがあります．どれも，定期的に「パターンファイル」の更新を行うことができ，その時点で判明しているマルウェアに対応できるようになっています．最も対応の早いものでは，新種または亜種と呼ばれるウイルスを発見してから数時間で新しいパターンファイルを提供開始する会社もあります．

　ウイルス対策ソフトウェアは，古くはコンピュータ内のファイルに感染していたり，メモリーに常駐しているコンピュータウイルスのみを検出して，駆除・隔離したりすることが主な機能でしたが，最近のウイルス対策ソフトウェアはネットワークで通信している内容も検査して，マルウェアと思しき

通信が行われた瞬間に通知・駆除・隔離を行うようになっています.

　ネットワーク型のマルウェアにしろ,ファイル感染型のマルウェアにしろ,ウイルス対策ソフトウェアが導入されていて初めて検出できるようになります.オペレーティングシステムにはその機能は含まれておらず,コンピュータの購入時に付属しているものを除いては,利用者が何らかの手段で入手して導入する必要があります.

　コンピュータの購入時に付属しているウイルス対策ソフトウェアは,ほぼ間違いなく更新期間が限定されています.その更新期間が過ぎてしまうと,それ以上のパターンファイルの更新はできなくなりますので,継続契約を行うか,新しいウイルス対策ソフトウェアを導入することになります.

　そして,導入したウイルス対策ソフトウェアを何もせず使い続けると,保存しているパターンファイルが古くなりすぎてしまい,新しいマルウェア等に対応できなくなってきます.ウイルス対策ソフトウェアの機能の1つに,コンピュータが起動している時間帯に自動的に新しいパターンファイルへ更新する,という機能があります.これを有効にすることはもちろん,コンピュータを使っていなければ更新機能を使っていないのと同じことですので,コンピュータも定期的に利用して最新のパターンファイルに更新することが重要です.

章末問題

1. 自宅等で主に使っているコンピュータでのセキュリティ対策がどのようになっているか，確かめよ.

2. インターネット上に開設されているコンピュータウイルスデータベースで，最新のウイルスについての情報を検索せよ.

第**8**章

トランスポート層プロトコル：TCP, UDP

前章までのアプリケーション層から話題が切り替わり，TCP/IP 階層の上から 2 層目であるトランスポート層に話題を移します．トランスポート層では，アプリケーションが生成したデータを接続相手とやり取りする処理を担当し，データの到着確認やバラバラに送ることになったデータの順序制御なども行います．

| アプリケーション層 |
| トランスポート層 |
| インターネット層 |
| ネットワークインタフェース層 |

本章では，トランスポート層プロトコルの代表格である TCP（Transmission Control Protocol）と UDP（User Datagram Protocol）について解説します．

8.1 トランスポート層プロトコルの役割

トランスポート層は，アプリケーション層とインターネット層の中間に位置し，ネットワークアプリケーションとネットワークの間のデータの橋渡しの役目を担います．ネットワークアプリケーションは，それ自体で通信相手と直接データのやり取りを行っているように見えますが，実際には，アプリケーションが作成したデータを転送するためにトランスポート層がインターネット層へ橋渡しをし，インターネット層がネットワークインタフェース層へ引渡してネットワーク間のデータ転送を行い，受信側のコンピュータでは逆の手順でアプリケーションへとデータが伝達されていきます．そのデータ伝送の際の「データを届ける」という作業をトランスポート層が行っています．

一口に「データを届ける」と言っても，データを送り出すだけではありま

せん．そのデータが届いたかどうかの確認（**確認応答**：Acknowledgement）
や，簡単な手続きでデータが壊れていないかどうかを確認（**チェックサム**：
checksum）したり，大きすぎるデータを分割（フラグメンテーション：
fragmentation）して送り出したり，通信相手や自分の状態を確認して送出す
るデータの流れを制御（**フロー制御**：flow control）したりしています．

　次節以降では，トランスポート層プロトコルで代表的な TCP と UDP につ
いて，そして TCP でのフロー制御について解説します．

8.2 TCP（Transmission Control Protocol）

　略称が示すとおり，TCP は伝送制御を行うプロトコルです．TCP の特徴は
以下のようになります．

(1) 分割したデータの到着順序を元通りに復元できる

　ウィンドウサイズに分割したデータを，受信側で元通りの順序に並べ替
えてデータを取り出すことができます．ネットワークの混雑具合によっ
ては，分割したデータが順序どおりに届かないことがあるので，それを
受信側で元通りにします．その役目をトランスポート層が担当していま
す．

(2) データの到着確認ができる

　送信側は，送信したデータが確実に宛先に届くことを期待しています．
それを確かめるためには，宛先側から受け取ったことの確認を送信側に
送る必要があります．それが確認応答になります．確認応答が戻ってこ
なければ，宛先に届いていないか，宛先からの確認応答が途中のネット
ワークで失われたか，のどちらかになるので，送信側から再度そのデー
タを送信します．確認応答が失われている場合は宛先に同じデータが届
くことになりますが，同じデータは宛先側で破棄されるので，問題あり
ません．

(3) 到着していない部分の再送要求ができる

　(1)の分割したデータのうち，伝送途中のネットワークのどこかで一部の

データが失われてしまったか，壊れてしまった場合，そのままでは元の
データを復元することができません．これらの場合には受信側から再度
送信するように要求することができます．また，送信側では，送信した
データが届いたかどうか確認応答が戻ってこない場合があり，その場合
は送信側からデータを再度送信することになります．いずれの場合に
も，すべてのデータを宛先に確実に届ける目的があります．

(4) 伝送制御を行って，その時点で最適な性能での通信が可能である

後で説明するウィンドウ制御（window control）を行って，その時点で最
適な大きさのデータを送信し，最も効率のよい伝送状態を維持します．
ウィンドウサイズというデータの大きさを送信側と宛先側の交渉によっ
て決定して，その都度ウィンドウサイズを増減させたり，受信側の処理
状況や許容範囲の残り領域に応じて，送信側での送出する大きさを変化
させたりします．

TCP での信頼性のある通信を実現するため，通信を開始する前に送信側と
受信側の 2 つのノード間で 3-way handshake という方法でコネクション
（connection）を確立しています．このときに，3 個のパケットによりコネク
ションを確立します．コネクションの確立は送信側のノードから始まり，そ
のパケットから数えて 1 往復半のパケットのやりとりによって双方向のコネ
クションが確立されます．サーバ・クライアント型のネットワークアプリケ
ーションでは，クライアント側からコネクションの確立を開始します．

3-way handshake では，コネクションを確立する 3 個のパケットを区別する
ために，TCP ヘッダーの中にパケットの種類を示すフラグという領域を用い
ます．フラグには幾つかの種類がありますが，そのうちの SYN，SYN/ACK，
ACK を使って 3 つのパケットを表します．最初のパケットがコネクション確
立手続きの始まり（SYN），それに対する応答と逆方向のコネクションの確立
手続きの始まり（SYN/ACK），そして最後にその応答（ACK）です．

コネクションが確立された後，その双方向のコネクションを使って 2 つの
ノード間の通信を行うことになります．このコネクションを使うことができ
るのは両端の 2 つのノードだけであり，コネクションを正しく使っていれば，

それ以外のノードからの情報が届いたり，そのコネクションを悪用して通信内容を盗み取られたりすることはありません．

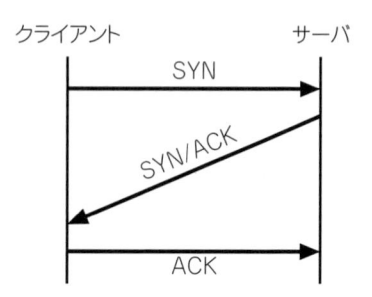

図 8.1　3-way handshake

8.3 UDP（User Datagram Protocol）

　TCP と並んでトランスポート層プロトコルとして使われているものに，UDP があります．

　UDP は，TCP ほどの信頼性はありませんが，そのヘッダーのシンプルさからデータ転送の際の処理方法・処理速度に特徴があります．送信側はチェックサムの計算を行って送信するだけになり，受信の確認はしません．受信側はデータの到着後にチェックサムの計算をした後，すぐにアプリケーションで処理が始まります．送信側は送信するだけ，受信側は受け取った順にアプリケーションに引渡して処理するだけ，となります．

　「TCP ほどの信頼性はない」という説明をしましたが，全く信頼性がないわけではありません．受信確認をしていないため，送信側で届いたかどうかの確認ができないだけで，すべてのパケットが届いている可能性もあります．届かなかった場合でも，届いていない分の再送要求をしませんので，アプリケーションでは，届いていないデータがあっても，処理を続行できるようにしておく必要があります．

8.4 ヘッダーフォーマットとチェックサム

　アプリケーション層プロトコルは，データの表現方法を決めたり，異なる宛先との通信内容と混同しないようにセッション管理をしたり，アプリケーションの動作を規定したりしていますので，特に余分な情報は必要ありませんでした．表現されているデータすべてをアプリケーションが操作します．

　トランスポート層から下の層には**ヘッダー**というデータが付きます．ヘッダーには，その層でどのようなことをすべきか，送信元と宛先はどこか，後ろに付いているデータに関してどのようなことをすべきか，という情報が格納されています．

　TCP と UDP では，そのヘッダーフォーマットが異なっています．それは TCP と UDP でできることが異なっているためです．他のトランスポート層プロトコルでもそのプロトコル用のヘッダーフォーマットがあります．トランスポートプロトコルに何を使っているか，ということは，1つ下の層であるインターネット層のヘッダーに記述されることになっていますので，そのフィールドについては第9章で解説します．

8.4.1 アプリケーションとポート番号

　トランスポートプロトコルでは，データの確認等を行ってアプリケーションに引き渡したり，アプリケーションから伝達されたデータに宛先のアプリケーションの情報を付けたりします．そのアプリケーションを識別するために使われるのが**ポート番号**になります．

　ポート番号は特にサーバ側のアプリケーションと密接な関係があり，サーバ側で使用するポート番号は**ウェルノウンポート**（Well-Known Port）と呼ばれます．「よく知られた」という意味ですが，インターネット上で利用できるサーバは，そのアプリケーションプロトコルごとに統一されたポート番号を使っていなければ混乱の元になります．

　普段は意識していないかもしれませんが，アプリケーションプロトコルごとにポート番号（サービスポートとも言います）が決まっており，一般的にはそのポート番号でサービスを提供することになっています．例えば，

WWW のプロトコルである HTTP は 80 番を使うことになっていますし，電子メールの送信には 25 番を使うことになっています（**表**8.1）．それ以外の番号を使う場合もありますが，その場合はサービスを利用する側（クライアント）で，接続するポート番号を変更する必要があります．ポート番号をサーバごとに変更する手間がかからないように，アプリケーションプロトコルごとにサービスポートが決められているのです．

表8.1　ポート番号の割り当て

サービス名	ポート番号
HTTP	80
SMTP	25
POP3	110
FTP	20, 21
TELNET	23
SSH	22

　ポート番号は誰でも自由に使ってよいものではありません．すでに決まっている割り当てもありますので，その割り当てルールに従う必要があります．全く別のアプリケーションが同じポート番号を使ってしまうと，そのアプリケーションが同じコンピュータ上でサービスできないことになってしまいます．それを防ぐために割り当てが決まっているのです．

　ポート番号などのインターネットで利用する番号の割り当て，管理はIANA（Internet Authorities of Numbers and Addresses）という組織が行っています．現在は，ICANN という組織に変わっていますが，担当する業務は変わっていません．その割り当てルールによると，0〜1023 までは特権ポート（Privileged Port）として，管理者のみが利用できるようになっていること，1024〜49151 の範囲は，登録制で割り当てを行うポート番号であるこ

と，49152〜65535（最大値）の範囲はクライアント側で利用する，もしくは
自由に利用できる範囲であること，とされています.

　以下の項では，TCP と UDP のヘッダーフォーマットについて解説します.

8.4.2　ヘッダーフォーマット

　TCP ヘッダーは**図 8.2** に示すような形式（フォーマット）になっています.
最初の 2 オクテット× 2 の領域には，送信元のポート番号と宛先のポート番
号を格納します. その次に**シーケンス番号**（Sequence Number）という，分割
された一連のデータの通し番号が格納されます. その次に**確認応答番号**
（Acknowledgement）が続きます. この番号はそのシーケンス番号までのデー
タが届いていることを示す番号で，データの受信側がそのフィールドを使う
ことになります.

0　　　　　　　　　　15	16　　　　　　　　　　31
送信元ポート番号	宛先ポート番号
シーケンス番号	シーケンス番号
確認応答番号	確認応答番号
ヘッダー長　予約　フラグ	ウィンドウサイズ
チェックサム	緊急ポインタ
（オプション）	（オプション）
データ	データ

図 8.2　TCP ヘッダー

　次のフィールドは**ヘッダー長**というものです. ヘッダーの長さは固定では
なく，オプションという領域がありますので，通常のヘッダー長よりも大き
くなる場合があります. その場合も含めてヘッダーの大きさをこのフィール
ドに格納します. そして**フラグ**（Flag）という 9 ビットのフィールドが続き
ます. 前から 3 ビットは制御ビットと呼ばれています. TCP パケットの種類

は後ろの 6 ビットの中で表現されています．TCP パケットには，SYN，ACK，PSH，FIN，RST，URG の 6 種類があり，それぞれ，Synchronization，Acknowledgement，Push，Finish，Reset，Urgent，という意味になります．

　次のウィンドウサイズのフィールドは，フロー制御で用いられるものです．その次に続くのが**チェックサム**（checksum）フィールドで，このフィールドを使ってデータの誤りを検出します．その次の**緊急ポインタ**は，URG フラグが付いた**パケット**を処理する際のデータを格納します．次にオプションフィールドがありますが，必要に応じてこのフィールドが使われ，ヘッダーの長さが 32bit の整数倍になるように**パディング**という詰め物で調整されます．

　UDP ヘッダーは非常にシンプルで，ポート番号，ヘッダー＋データ長，チェックサムしかありません（**図 8.3**）．この辺りが UDP パケットの処理の高速性に貢献している部分です．

0	15 16	31
送信元ポート番号	宛先ポート番号	
（ヘッダー ＋ データ）長	チェックサム	
データ		

RFC 768

図 8.3　UDP ヘッダー

　送信側はヘッダー＋データ長フィールドを埋め，チェックサムを計算・格納してパケットを送り出します．受信側はチェックサムを計算し直してデータに誤りがないかどうかを確認した後に，指定されたアプリケーション（ポート番号）へデータを引き渡します．

　このヘッダーフォーマットから分かるように，データの順序を考慮した部分はありません．UDP では，途中のデータが失われたり，壊れたりしても，その時点で届いているデータを届いた順序で処理します．

　実質的に，受信側で確認できるフィールドはチェックサムだけになりますので，非常に簡単なヘッダーであることが分かります．

8.4.3 チェックサム

TCP でも UDP でも，そのヘッダーにチェックサムというフィールドを持っていて，簡単な計算を行ってデータの損傷を検出できるようにしています（**図 8.4**）.

TCP，UDP どちらも計算方法は同じです．TCP または UDP ヘッダーにデータも含め，さらに擬似ヘッダーと呼ばれるヘッダーを含んだものから計算を行います.

擬似ヘッダー	TCP or UDP ヘッダー	データ
	チェックサム領域 計算時は 0 にする	

$\left(\begin{array}{c}\text{他の領域の}\\\text{1 の補数和}\end{array}\right)$ の 1 の補数

図 8.4　チェックサムの計算

・擬似ヘッダーと TCP または UDP ヘッダー，そしてデータを含めて 16 ビットの整数倍になるようにデータの大きさを調節します.
・TCP または UDP ヘッダーのチェックサムフィールドは 0 で埋めておきます.
・16 ビットごとに 1 の補数を求めて，その総和を求めます．さらにその総和の 1 の補数を求め，それをチェックサムフィールドに入れて，宛先に伝送します．元々チェックサムフィールドは 0 でしたので，チェックサムフィールド以外の 1 の補数和を求めてその 1 の補数をチェックサムに入れたことになります.

ここで，1 の補数とは，元のデータのビット列の 0 と 1 を反転したものを指します．例えば，10 進数で 1 というデータを 16bit の 2 進数で表現すると，0 が 15 個並んだ後に 1 が 1 個続くということになります．このデータの 1 の補数表現は 0 と 1 を反転すればよいので，1 が 15 個並んだ後に 0 が 1 個続くことになります．4 ビットずつ 16 進数で表現すれば

0xFFFE となります．ここで分かることは，元の数とその 1 の補数表現の和を求めると 0xFFFF になるということです．実はこの 0xFFFF という表現は 0 と等しくなります．

・宛先でも同様に擬似ヘッダーを付けた形式で 16 ビットずつ 1 の補数を求めて，その総和を計算します．データが壊れていなければ，その総和は 0（=0xFFFF）になるはずです．その理由は，チェックサム以外の 1 の補数和の 1 の補数がチェックサムフィールドに入っているため，チェックサムフィールドを加えると 0 になるからです．

8.5 TCPにおけるウィンドウ制御

8.5.1 TCP のパケット転送効率の改善

TCP ではパケットを送出して，その確認応答を受け取ります．送出から確認応答までの間は若干ですが，往復遅延時間（**RTT : Round Trip Time**）というものがあり，送信側はその間，次の処理に移行するのを止めることになります．

しかし，コンピュータでのデータ処理の時間と RTT には大きな差があり，データ処理の時間の方がはるかに短いので，確認応答を待っている間に次のパケットを送出する準備もできてしまいます．実際の RTT は，隣同士のコンピュータで数ミリ秒前後，遠い場所にあるコンピュータでは数百ミリ秒になりますから，コンピュータのデータ処理の方がかなり速くなることが分かるでしょう．RTT の間に相当数のデータ処理ができてしまいますので，その時間が転送の効率を下げてしまう要因になります．

そこで，TCP では**ウィンドウ制御**（windows control）という手法を用いて，効率良く，確実にデータを届けるための転送制御を行っています．以下の項では，ウィンドウ制御の 1 つの方法であるスライディングウィンドウ方式，輻輳（ふくそう）制御，その他の制御手法について解説します．

8.5.2 スライディングウィンドウ方式

TCP でのデータ転送の基本は，セグメントと呼ばれる単位でデータを送り，

そのデータが届いたことを確認する確認応答（**ACK**）を受け取ることです．

　しかし，この設計では確認応答を受け取るまでは，その間に送信側は何も することはできません．通信相手との間には少なからぬ距離が存在します． 電気通信でも通信時間がほとんどないように思われがちですが，この距離は 往復遅延時間に大きな影響をもたらします．

　同じネットワーク内に通信相手が存在していれば，その相手とは非常に短 い時間で通信できる，つまり，確認応答を受け取るまでの時間が非常に短く なります．しかし，その時間はコンピュータがデータを処理する時間よりも はるかに長いものです．往復遅延時間の間，送信元はデータ送信に関して何 もすることができないので，この時間を有効活用する必要があります．

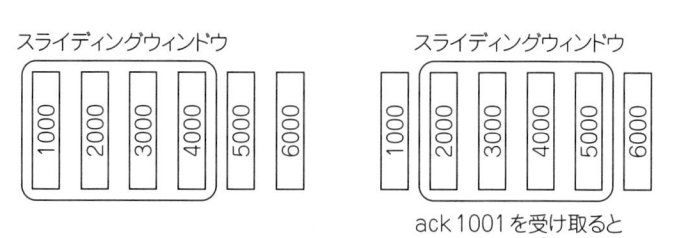

図 8.5　スライディングウィンドウ方式

　そこで，1 つのセグメントを送信し，その ACK を受け取る前にそれに続く いくつものセグメントを送信し，後でまとめて ACK を受け取るという方式 があります．そのセグメント数を**ウィンドウ**と呼びます．データ全体の中の 送信しているセグメントを示すための「窓」として扱います．

　そのウィンドウに含まれているセグメントに対する ACK を受信すれば， そこまでのセグメントは受信できているということになります．そして次の セグメントを決定するために（スライドして）ウィンドウをずらします．こ のようにすると，すべての ACK を受け取らなくても次のセグメントを次々 に送信することができます．

8.5.3　輻輳制御

　どれだけ多くのパケットを送り出してよいか，という制限についても考慮する必要があります．それはネットワークの混雑状況によります．ネットワークに混雑が発生している状況で多くのパケットを送出してしまっては，ネットワークの混雑をさらに悪化させてしまいます．そこで，ネットワークの混雑状況を把握しながら徐々に一度に送り出す一連のパケット数を決定します．これが**輻輳制御**（congestion control）です（**図 8.6**）．

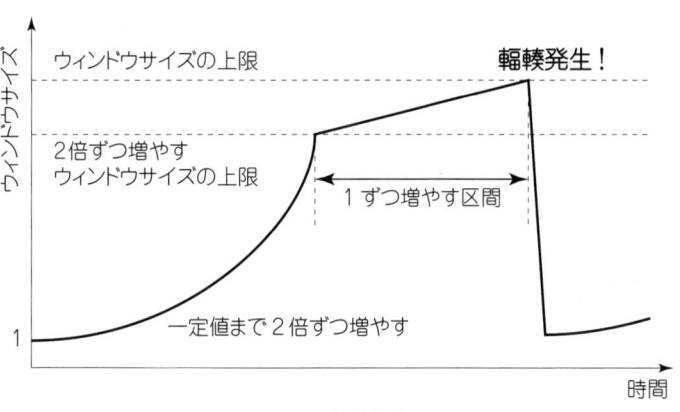

図 8.6　輻輳制御

　一度に送り出す一連のパケット数を**ウィンドウサイズ**と呼んでおり，このサイズまで一度に送り出します．最初からこの大きさで送り出すのではなく，最初は 1 つのパケットから始め，徐々に多くして（2 倍ずつ増やして）いって，ネットワークの混雑が発生しない程度まで大きくします．ネットワークの混雑が発生し始めると，再びウィンドウサイズを 1 まで戻し，そこからまた徐々に大きくしていきます．

　「2 倍ずつ増やして，輻輳が起きると 1 に戻す」という方法では，輻輳が起きる直前の最も多くのデータを送り出せるウィンドウサイズに戻るのに，いくらかの時間がかかってしまいます．そこで，ウィンドウサイズを 2 倍ずつ増やす上限を決めておき，上限に達したら 1 ずつ増やす，という方法で輻輳

を回避することができます.

　これを**輻輳回避**（congestion avoidance）と呼び，輻輳制御をある段階で輻輳回避に切り替えます．輻輳回避を行っても輻輳が発生してしまった場合は，ウィンドウサイズを 1 に戻して，輻輳制御を再開することになります.

8.5.4　フロー制御

　ウィンドウ制御は送信側でのパケット送出の大きさを決定するものですが，受信側についてはどうでしょうか．受信側ももちろんコンピュータですし，パケットを受け取るよりもデータ処理の時間の方が速いのは先に述べたとおりです．しかし，受信側でのデータ処理が RTT よりも時間がかかるものであればどうでしょうか．送信元からのデータが次々に届きますが，データ処理の方に時間がかかってしまい，届いたデータを処理しても次のデータが待っている，受信側のコンピュータに休む間がない，という状態になります.

　そこで，受信側が受け取ることができるデータの大きさを決めて，現在どれだけ空いているか，ということを送信元に通知します．これが**フロー制御**（flow control）です．パケットを次々に送っていくと，当然空き領域が減っていって最後にはゼロになります．そうなると，「受信側の空きがゼロ」という通知を受けた送信元はパケットを送出できなくなります.

　そのような状態になった場合は，送信元，受信側のどちらかでいったんその状態をリセットする必要があります．受信側で空き領域が発生した際にそれを通知（**ウィンドウ更新通知**）することで送信側は送出を再開できますし，送信側も空き領域がないかどうかを問い合わせ（**ウィンドウプローブ**）することで空き領域を発見できるようになっています.

8.5.5　その他の制御手法

　1 つ 1 つのパケットに対して確認応答を送っていては，非常に小さいパケットの送受信の場合に確認応答でネットワークが溢れてしまいます．確認応答で溢れてしまうことを防止するために，ある程度の大きさのパケットが集まるまで，確認応答の返信を遅らせる**遅延確認応答**という仕組みがあります．確認応答はそれまでに受け取ったパケットのシーケンス番号の最大値の

みを送れば十分なので，遅延確認応答でシーケンス番号の最大値を送信することで，確認応答パケットで溢れてしまうことを防ぐことができます．ただし，パケットを送り出す送信側ではその確認応答を待っているので，その確認応答が遅延することでパフォーマンス上の問題が発生する可能性はあります．

　また，送信側でアプリケーションが作り出す小さなデータを，できるだけひとまとめにして送り出すということも可能です．この仕組みを**Nagle アルゴリズム**と言います．先ほど，遅延確認応答について解説しましたが，Nagleアルゴリズムでは，小さなパケットは発生しないのですが，それぞれのパケットに対する確認応答を求めます．ですので，アプリケーションがデータを送信してから確認応答までの遅延時間は発生することになります．

章末問題

1．IANA の port-numbers データで，ポート番号の割り当て状況を調べよ．

2．本文中のウィンドウサイズの制御法以外の方法について考察せよ．

第9章

インターネット層プロトコル

インターネットに接続されたコンピュータ等が必ず利用するプロトコル，それがインターネット層プロトコルです．特に，Internet Protocol（IP）は他に代わりが存在しないほどに重要なものとなっています．

| アプリケーション層 |
| トランスポート層 |
| インターネット層 |
| ネットワークインタフェース層 |

この章では，Internet Protocol およびその後継プロトコルである Internet Protocol Version 6（IPv6）について解説します．

9.1 インターネット層プロトコルの概要

インターネット層プロトコルでは，決められた経路を使ってネットワーク間でのパケットのやりとりをすること，ネットワーク間の転送時にエラーが発生していればその通知，通信相手との経路が存在するかどうかの確認，などが主な役割となっています．経路を決定するためには相手の場所を知る必要があり，その際に用いられるのが **IP アドレス**と呼ばれるものです．インターネットに接続されたコンピュータ等には必ず1つ以上のIPアドレスが付いています．

このIPアドレスに基づいて，パケットの転送先を決定し，その転送先にパケットを引き渡すのがインターネット層プロトコルの役割です．インターネット層プロトコルの役割のなかに同じネットワーク内のコンピュータとの通信は含まれていません．同一ネットワーク内のコンピュータとの通信にはハードウェア情報が必要になるため，もう1つ下の階層であるネットワークインタフェース層の役割となっています．

　インターネット層のプロトコルとしては，**Internet Protocol**（**IP**），**Internet Control Message Protocol**（**ICMP**），**Address Resolution Protocol**（**ARP**）などがあります．最も重要なプロトコルは IP であり，IP がインターネットを支えていると言っても過言ではなく，他に替え難いプロトコルとなっています．しかし，1990 年代初頭に IP アドレスが将来的に不足するという発表があり，次世代のインターネットプロトコルの開発が急がれました．そうしてできたものが **Internet Protocol Version 6**（**IPv6**）です．そして，従来の Internet Protocol は IPv4 と呼ばれるようになっています．

　以下の節では，IPv4/IPv6，ICMP，ARP などについて解説します．

9.2　コンピュータの場所と IP アドレス

　コンピュータ同士で通信するには，それぞれの場所（位置情報）を知っている必要があります．その位置情報は世界レベルで唯一のものである必要もあります．世界中に同じ位置情報を持っている 2 台のコンピュータがあるとすると，近隣のコンピュータ同士は通信ができるかもしれませんが，世界レベルで見ると混乱の元になります．

　したがって，位置情報はいずれかの組織が一元管理し，異なる組織に同じ位置情報が割り当てられないようにする必要があります．Internet では，接続する組織ごとに固有の位置情報の塊（ブロック）を割り当てて，位置情報が重複しないようにしています．

　その位置情報が **IP アドレス**（Internet Protocol Address）と呼ばれているものです．IP アドレスには位置情報を表すという役割がありますが，必ずしも地理上の位置とは一致しないことに注意を払う必要はあります．

9.2.1　IP アドレスの表記

　この項では IP アドレスの表記について説明します．すでに次世代のインターネットプロトコルが存在していますので，正確には Internet Protocol Version4（IPv4）のアドレス表記となります．

　IPv4 アドレスは 32 ビットの長さを持っており，コンピュータ内で表現す

るには自ずとすべて 0 と 1 で表すことになります．しかし，そのままでは可
読性に乏しいですし，利用する際のタイプ時に長さを誤ってしまう可能性も
あります．そこで，32 ビットを 4 つの部分，つまり 8 ビットずつまとめて 10
進数表記をすることにしました．こうすることにより可読性が格段に向上し
ます．そして，4 つの部分を「.」（ドット）で結合して全体を表記すること
になりました．具体的には次のような表記となります．

```
192.0.2.100
```

　ドット以外の部分は，コンピュータ内ではそれぞれ 8 ビットずつで表現さ
れていて，
「192」は 11000000_2，「0」は 00000000_2，「2」は 00000010_2，「100」は 01100100_2
のようになります．

9.2.2 IP アドレスの分類

　IP アドレスには，古くは**クラス**と呼ばれる分類があり，それに基づいて 5
つのクラス（A〜E）を識別していました．このうち D クラスはマルチキャス
ト用，E クラスは実験用となっており，一般的には A〜C クラスの IP アドレ
スが使われます．

　IP アドレスにはネットワーク部とホスト部があり，かつてはクラスによっ
てネットワーク部の長さが決まっていました．IP アドレスの長さである 32
ビットのうち，一部をネットワーク部としていて，A クラスでは 8 ビット，
B クラスでは 16 ビット，C クラスでは 24 ビットがネットワーク部になって
いました．

　ネットワーク部がどれくらいの長さを持っているか，ということは IP アド
レスの先頭のビット，つまりネットワーク部の先頭ビットを読み取ることで
判断できました．クラスごとの先頭ビットは，A クラスは先頭ビットが 0，B
クラスは先頭 2 ビットが 10，C クラスは先頭 3 ビットが 110 となっており，
先頭の 3 ビットまでを読み取ることでクラスが分かるようになっていました
（**図 9.1**）．

クラス	先頭ビット			
A クラス	0	・・・		
B クラス	1	0	・・・	
C クラス	1	1	0	・・・

図9.1 クラスごとのアドレスの先頭ビット

　ホスト部の長さによって，そのネットワークで収容できるネットワーク機器の台数が決まります．A クラスですと 32 ビットからネットワーク部の 8 ビットを引いた残りの 24 ビット，つまり 2^{24} ＝約 1600 万台の機器を接続することができます．同様に B クラスでは 2^{16} ＝ 65536 台，C クラスでは 2^8 ＝ 256 台の機器を接続することができます．実際にはこれらの中に，ネットワーク自体を表すアドレスとネットワーク全体と通信するためのアドレスが含まれていますので，それぞれから 2 だけ少ない台数となります（C クラスであれば 254 台になります）．

　もう 1 つの IP アドレスの分類として，グローバル IP アドレスとプライベート IP アドレスがあります．グローバル IP アドレスは，世界で唯一のアドレスとなるように割り当て，管理されますが，プライベート IP アドレスについてはその制限はありません．グローバル IP アドレスは，ネットワーク単位で組織に割り当てられ，組織内でのルールに従って消費していきます．

　プライベート IP アドレスは，組織内で自由に使ってよいアドレスとなっていますが，世界中の組織でそのアドレスを使っている可能性がありますので，世界中で唯一ということにはなりません．そういった理由で，インターネット上のコンピュータと通信はできませんし，組織の外部にこのアドレスを使用していることを通知することもできません．

　組織内でプライベート IP アドレスを使ってネットワークを構築した場合，インターネットとの直接通信はできなくなりますが，組織内からインターネット上のサービスを利用したいという要望も出てくることと思います．それを実現するためには，幾つかの手段を講じる必要があります．それを実現す

るために，組織内のいずれかの場所に組織内とインターネットとの中継をするものを配置することになります．

　その手段の1つが，プロキシサーバ（proxy server）と呼ばれるものです．プロキシサーバはアプリケーション層での中継を実現するものですが，アプリケーションもプロキシサーバを利用する設定が必要になりますので，すべてのアプリケーションを中継することができるとは限りません．

　また，アプリケーションゲートウェイ（application gateway）という方法もあります．これもアプリケーション層での中継を実現しており，アプリケーションが一度ゲートウェイに接続し，その後目的のインターネット上のサービスに接続するという方式になります．これもゲートウェイを利用するためのアプリケーション側の準備が必要になります．

　どちらの方法も，通常のアプリケーションにはなかった認証などを付け加えることができるという利点はありますが，プロキシサーバやアプリケーションサーバでの中継が必要ということもあり，手間のかかる手順となっていました．

　最後に，ネットワークアドレスを変換する，という方法もあります．これについては，別途9.5.2項で解説します．

9.2.3 IPによるパケット転送

　パケットの転送先となるネットワーク機器は**ルータ**と言います．ルータの中には，それぞれのネットワークごとの転送先のネットワーク機器の一覧表を持っており，それを使ったパケットの転送を担っています．もちろん直接つながっている転送先にしかパケットは送れませんので，一覧表にはその転送先の情報が格納されています．「直接つながっている」ということは「同一ネットワークに存在している」ということとほぼ同義です．しかし，インターネット層では直接つながっているネットワーク機器のIPアドレスは分かっていますが，先ほど述べたように，そのハードウェアアドレスを使った通信までは担当しません．つまり，インターネット層プロトコルは，特定のネットワーク機器のアドレスに向けてパケットを送り出すことはしますが，実際にその通信に関与しないので，到着したかどうかは送信側では分かりませ

ん．そういう意味では，IP は**コネクションレス型**のプロトコルであると言えます．

IP はトランスポート層プロトコルである TCP や UDP と共に利用されているプロトコルで，TCP や UDP とは切り離せない関係にあります．

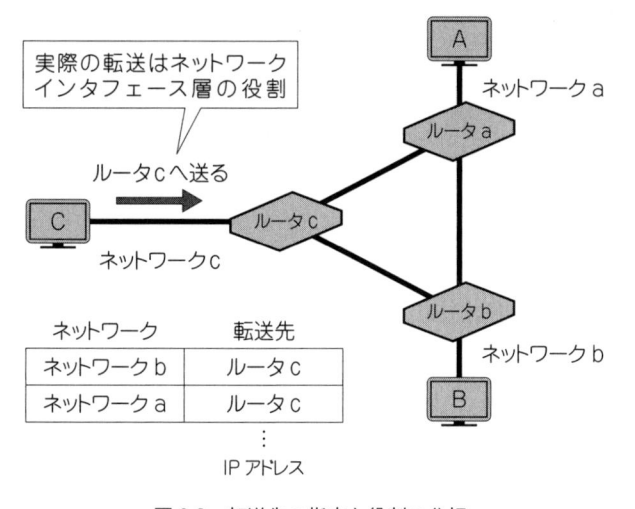

図 9.2 転送先の指定と役割の分担

9.2.4 IPv4 ヘッダー

IPv4 でのヘッダーは**図 9.3** のようなフォーマットをしています（RFC791）．図 9.3 は 1 行に 32 ビットずつ表現していますが，実際には行という概念はなく，全部が順に並んでいます．

先頭の 4 ビットは IP のバージョンを表しています．IPv4 では「4」，つまり 0100_2 が入っています．次が**ヘッダー長**で，4 オクテット（1 オクテットは 8 ビット）の倍数で表現します．オプションのないヘッダーは 160 ビットになりますので，20 オクテット，つまり「5」（0101_2）が入ります．

サービスタイプには，先行ビット（3 ビット），遅延，処理量，信頼性などの指定ビット（4 ビット）および 1 ビットの予約領域があります．しかし，現在このフィールドを使った実装はほとんどありません．したがって，通常はすべてゼロで埋められています．このフィールドについては RFC1349 で

定義されています.

0		15 16		31

バージョン	ヘッダー長	サービスタイプ	データグラム長	
識別番号			フラグ	フラグメントオフセット
TTL		プロトコル番号	チェックサム	
送信元 IP アドレス				
宛先 IP アドレス				
（オプション，パディング）				
データ				

図 9.3　IPv4 ヘッダー

　識別番号は分割された IP データグラムを識別するための番号が割り当てられます．送信側でIP データグラムが分割された際に付けられ，受信側で順序通りに再構築するために用いられます．

　フラグはその IP データグラムが分割禁止であるか（don't Fragment：DF），これ以外に分割されたデータグラムが存在するかどうか（more Fragment：MF）ということを意味するビットが入ります．

　フラグメントオフセットは 13 ビットの領域があり，分割された IP データグラムの位置を示します．

　TTL（Time to Live）は，IP データグラムの生存時間を示します．時間と表現していますが，実際には時間ではなく，IP データグラムの中継回数（ホップカウント）になります．IP データグラムはネットワーク間を中継されることで宛先に届けられますが，宛先が間違っていたり，存在しない宛先を指定された場合に，無限に中継されることがないように，中継するごとに TTL の値を 1 つずつ減らしていきます．

　プロトコル番号は上位層，つまりトランスポート層のプロトコルを指定します．IP ヘッダーの次のデータ部分は何らかのトランスポート層プロトコル

のデータになりますので，どのトランスポート層プロトコルに引き渡せばよいか，ということを表しています．

　チェックサムは，TCP や UDP と同様にヘッダーとデータを合わせて，1 の補数和の計算を行った結果を入れます．これによって IP データグラムの破損の検出ができます．

　続いて，**送信元 IP アドレス**と**宛先 IP アドレス**が入ります．どちらも 32 ビットずつありますので，ここまでで 160 ビット（つまり 20 オクテット）になります．その後ろには，必要ならオプション領域が使われます．オプション領域がちょうど 4 オクテットではない場合もありますので，ヘッダーが 4 オクテットの整数倍になるようにパディングという何もないデータで埋められます．その後ろに上位層プロトコルのデータが続きます．

9.3　IP を補助するプロトコル

　IP は隣接するネットワークへパケットを転送することしかできません．そして，送信したパケットが届いたかどうかについては確認ができませんので，届かなかったときには再送する必要があります．

　また，同一ネットワーク内でのパケットの受け渡しには IP アドレスを使うことはできません．IP アドレスではなく，ハードウェアのアドレスを使う必要があります．ハードウェアのアドレスは IP アドレスと関係していて，IP アドレスからハードウェアのアドレスに変換する必要があります．

　さらに，IP ネットワークにコンピュータ等の機器を接続するときは，必ず IP アドレス等の設定を行う必要がありますが，手作業で実施するには煩雑で，ネットワークの情報が変わるとそれも手作業で変更する必要があります．初心者やネットワーク等に精通していない利用者にとっては，ネットワークに接続する際にこうした作業は極力避けたいものです．

　こうした問題に IP は何も関与できないので，これらの問題を解決するプロトコルが必要になります．いわば，IP を補助するためのプロトコルです．この節ではそれらのプロトコルについて解説します．

9.3.1 ICMP（Internet Control Message Protocol）

　IP はコネクションレスの通信になりますので，パケットを送り出した後その到着確認を行いません．間違いなく届いたものについては確認は必要ないのですが，到着しなかった場合，その理由が分かれば対処法が見つかるかもしれません．届かない理由にもさまざまなものが考えられますが，そのうちのいくつかの理由として，宛先のネットワーク機器からの応答がない，宛先のネットワークに到達できなかった，を挙げることができます．

　IP ではこうしたエラーの報告を受け取ることはできないので，IP を補助するプロトコルによって受信することになります．そのときに利用されるのが**ICMP** です．この名前が示すとおり，制御メッセージのプロトコルで，先ほど述べた宛先のネットワーク機器からの応答や到達できなかったというメッセージを送受信する役割を担います．

表9.1　ICMP メッセージ

タイプ	説　明	意　味
0	ECHO REPLY	ECHO 要求に対する返答
3	DESTINATION UNREACHABLE	宛先到達不能
8	ECHO REQUEST	ECHO 要求
11	TIME EXCEEDED	TTL 超過によるパケットの破棄

　ICMP のメッセージは，**メッセージタイプ**と呼ばれる ID で区別されており，数多くの種類があります．そのなかでも重要でよく用いられるものとしては，ECHO REQUEST，ECHO REPLY，DESTINATION UNREACHABLE，TIME EXCEEDED があります．ECHO メッセージは，宛先のネットワーク機器の死活確認を行うためのもので，宛先の機器が活性状態であればECHO REPLY を返送します．もしも宛先の機器がトラブルか何かによってパ

ケットが届かない状態であれば，DESTINATION UNREACHABLE メッセージ
が返送されます．さらに，ルータ間を転送しながら宛先の機器にたどり着け
ば問題ないのですが，ルータ間の転送回数の上限を超えてしまった場合，そ
れ以上の転送ができなくなりますので，その時点で TIME EXCEEDED メッセ
ージが返送されます．他にもさまざまなメッセージがありますが，ここでは
以上 4 つの解説に留めておきます．

9.3.2 ARP（Address Resolution Protocol）

　同一ネットワーク上でのパケット転送には IP を使わず，ハードウェアの
アドレスを使うことになります．ハードウェアレベルの転送についてはイン
ターネット層ではなく，ネットワークインタフェース層のプロトコルの役割
になりますので，IP が関与することはありません．

　しかし，IP アドレスとハードウェアのアドレスの対応付けを何らかの方法
で行っておかないと，転送先が分からなくなってしまいます．そこで，その
対応付けを検索できるようにするプロトコルが必要になります．そのプロト
コルが **ARP** で，IP アドレスからハードウェアのアドレスを解決（resolve）す
るためのものになります．IP アドレスは IPv4 では 32 ビットですが，ハード
ウェアのアドレスは 48 ビットあり，2 の 48 乗，つまり，約 280 兆個の空間
がありますので，しばらくの間は枯渇しないアドレス空間となります．

　ハードウェアのアドレスは別名 **MAC アドレス**（Media Access Control Address）
とも呼ばれています．ネットワークインタフェースに 1 つ必ず付けられてい
るアドレスで，ネットワークインタフェースを製造する段階でハードウェア
内に割り当てられます．ネットワークインタフェースの基板上，もしくはコ
ンピュータに MAC アドレスが記載されていることもあります．

　MAC アドレスの形式は AA : BB : CC : DD : EE : FF のように，8 ビットず
つ 16 進数で表記し，「:」（コロン）で結合したものになります．最初の 3 つ
はベンダーコードと呼ばれている部分で，ネットワークインタフェースの製
造元ごとに異なるベンダーコードが付けられています．残りの 3 つについて
は，各ベンダーでの通し番号となります．

　パケットの送信時に，IP アドレスから MAC アドレスを検索し，ネットワ

ークインタフェース層でフレームに書き込んで送り出します．このときに，検索できた MAC アドレスと IP アドレスの組み合わせを **ARP テーブル**に格納し，次回の通信の際に再利用されます．

9.3.3 DHCP（Dynamic Host Configuration Protocol）

コンピュータ機器を IP ネットワークに接続するときには，必ず IP アドレス等の情報をネットワークインタフェースに設定する必要があります．大きなコンピュータのように動かせないものであれば，一度設定してしまえば変更せずにそのアドレス情報等を使い続けることはできます．しかし，近年のようにモバイルデバイス（携帯型端末）が多くなってくると，いつも同じネットワークにつないで作業をするということはほとんどなくなります．

また，コンピュータやネットワークの初心者に，「IP アドレス等の設定が必要なので指定されたものを設定してください」という指示を出しても，なかなか設定できるものではありません．その作業の方法を調べるだけでも大変な労力がかかります．

そこで，簡単にネットワークに接続できるようにするため，IP アドレス等のネットワークに関する情報を自動的に設定するプロトコルが開発されました．それが **DHCP** です．

自動設定できる項目は，IP アドレス，デフォルトゲートウェイ，DNS サーバの IP アドレス，ドメイン，ホスト名などがあります．このプロトコルを使用して自動設定するようになっているコンピュータ等では，ネットワーク機器とコンピュータ等を接続するだけで，自動的にこれらの情報を設定し，通信ができる状態になります．

このプロトコル以前には，ハードディスクを持っていない機器をネットワーク上の情報を用いて起動する，**ディスクレスブート**（Diskless Boot）の仕組みを採用しているコンピュータ向けに IP アドレス等を配布する **BOOTP** というプロトコルがありました．ハードディスクを持っていても，緊急時にネットワーク上から IP アドレスや BOOTP サーバの情報を入手して起動することもできました．この BOOTP を発展させて DHCP ができました．

　このプロトコルの最大の利点は，利用者がコンピュータに何も設定しなくても，ネットワークから自動的に情報を入手して，ネットワークに接続できるというところです．特に，モバイルデバイスや無線 LAN の環境では有益なもので，持ち運んだ先で DHCP が有効になっていると，何も設定しなくても問題なく通信ができるようになります．場所を意識することなくネットワークに繋ぐことができて，通信ができる，ユビキタスネットワークを構築する要素技術ともなります．

9.4　経路制御表の利用

　詳しくは第 10 章で解説しますが，IP はコネクションレスのプロトコルですので，宛先のネットワーク機器に向けてパケットを送信するだけになります．パケットを受け取ったネットワーク機器が宛先のネットワークでなければ，次のネットワーク機器にバケツリレー式に転送を繰り返します．その際に，むやみにバケツリレーをすると送信元に戻ってきたり，パケットが迷子になったりすることがあるので，一定の基準で転送するネットワーク機器を選ぶ必要があります．

　その基準として経路制御表というものがあり，その中に書かれている内容に従ってバケツリレーをしていきます．経路制御表は送信元のコンピュータを含む各ネットワーク機器がそれぞれに持っていますが，その作成に IP は関わりません．IP はその経路制御表を利用するだけになります．

9.5　IP アドレスの枯渇と対策技術

　9.2.2 項で解説したように，クラスによるネットワーク部とホスト部の固定的な割り当ては，IP アドレスの無駄を生じることになります．A クラスであれば約 1600 万台の機器を接続することができますが，実際には 10 数台しか繋がっていないということがあり，IP アドレスの無駄遣いとなっていました．B クラスでも同様で，組織の規模の実態に合わないアドレス割り当てが行われ，1990 年代初頭には IP アドレスが枯渇する，という問題が浮き彫りにな

りました．2011 年には，新しく割り当てができるアドレスブロックがなくなり，2021 年では，アドレスブロックの回収と再配置が行われています．

そこで，1990 年代初頭に新しい IP アドレスの体系が必要ではないか，という議論が起こり，Internet Protocol Next Generation（IPng）の策定作業が始まりました．最終的に Internet Protocol Version 6（IPv6）が採用され，2000 年初頭からアドレスの利用が始まり，現在では Windows，macOS を含めたほぼすべての OS が IPv6 に対応しています．

IPv6 だけがアドレス枯渇の対策ではなく，1990 年台からさまざまな努力が行われています．そのうちの 2 つが Classless Inter Domain Routing（CIDR）と Network Address Translation（NAT）または Network Address and Port Translation（NAPT）です．

9. 5. 1 IP アドレス割り当て方針の変更

IP アドレスの枯渇対策として実施されたものとして，アドレスによってクラスを決定する，つまり，ネットワーク部を固定的に扱ってきた方針を変更し，ネットワーク部を自由に決定し，それに基づいたアドレス割り当てをできるようにしました．

つまり，図 9.1 で行ったようなネットワーク部の判定をやめて，ネットワーク部を別途表現する，という仕組みに変更しました．そして，そのネットワーク部を使ってパケットをどこに転送するかということを決定する，Classless Inter Domain Routing（CIDR）という仕組みが確立されました．

これは，「クラスに関係のないドメイン間の経路制御法」ということであり，IP アドレスのネットワーク部の長さに応じた経路制御を行う，という技術です．これ以前には C クラス（256 台規模）のネットワーク部が最も長いものでしたが，256 台でも多い組織にはかなりのアドレスが余ってしまうアドレス体系でしたので，256 台以下の台数で割り当てができるようにした仕組みにもなります．

C クラスのネットワーク部は 24 ビットでしたが，それよりも長い 25〜28 ビット程度がネットワーク部で使われることになります．25 ビットでは 128 台，26 ビットでは 64 台，27 ビットでは 32 台，28 ビットでは 16 台の機器を

接続できます．ネットワーク部を可変長にすることで，接続できるネットワーク機器の台数を減らし，かつ割り当てが可能なブロックを増やす，ということを実現できています．

　さらに，CIDR の「R」（Routing）が指し示すように，経路制御にも影響を与えました．特に経路を決めるための表を作成する際に，ネットワーク部の長さ（サブネットマスク）を指定するようになっています．クラスによる経路制御を行っていた頃には表に載らなかった情報ですが，CIDR が普及してからは経路制御表に載るようになっています．

9. 5. 2 NAT (Network Address Translation)

　CIDR が普及期に入っても，まだ IP アドレス枯渇の問題は解決されていませんでした．次世代インターネット層プロトコルの開発も確定していなかったので，IP アドレスを節約するための方法の開発が必要でした．

　数少ないグローバル IP アドレスを付与してもらうには，1 つだけではなく 8 個，16 個といったまとまった単位での契約が必要で，8 個も必要ない場合でもこの数の契約が必要で，それなりの使用料というものがかかっていました．

　これ以前にプロキシサーバやアプリケーションゲートウェイ方式によるアプリケーションの中継ができましたが，すべてのアプリケーションが対応しているわけではなく，アプリケーションごとに設定方法が異なる，ということもあり，最適な対策法とは言えませんでした．

　そこで出てきたのが，**NAT** です．これは，ルータというネットワーク機器が，そのルータを通過するパケットのヘッダーを書き換えて，通常はインターネット上のコンピュータと通信できない IP アドレスの付与されたコンピュータがインターネット上のコンピュータと通信できるようにするものです．他の呼び方として masquerade（**マスカレード**）というものもあります．

　NAT は組織の出入口にあたるルータ上に設置されます．IP アドレスはそのルータのインターネット側のインタフェースに付けられていて，組織の内側向けのインタフェースにはプライベート IP アドレスが割り当てられています．

　ルータを通過するようなパケットが発生すると，NAT により，送信元がルータのグローバル IP アドレスに書き換えられ，その変換表がルータの中に保持されます．戻ってきたパケットで該当するものがあれば，変換表に従って組織内部のアドレスに変換し，送信元に中継されます．

　組織内の複数のコンピュータがインターネットと通信することも考えられますので，アドレスだけでなく，ポート番号も同時に変換する必要も出てきます．ポート番号の変換にも対応したものが **NAPT** です．masquerade は NAPT と同様の機能になります．

　NAT，NAPT，masquerade を用いて，IP アドレスが節約できるようになり，1 つのグローバル IP アドレスだけで複数のコンピュータが同時にインターネットと通信ができるようになりました．それとともに，インターネットサービスプロバイダの契約形態も変わってきています．

　従来は，1 台しか接続できないという契約であったものが，NAT を内蔵したブロードバンドルータを導入することで，複数台でも構わない，というものに変わっています．市販されているほとんどのブロードバンドルータでは，NAT もしくは NAPT，masquerade が利用できるようになっていますし，無線LAN のアクセスポイントも内蔵しているものもあります．

　また，ブロードバンドルータにさまざまな機能が盛り込まれ，簡易型のファイアウォールとして動作することもあり，その重要度は高まるばかりです．比較的安価なものでも一般家庭で利用するには，十分な機能を備えているものもあります．

9.6 Internet Protocol Version 6

　9.5 節で解説したように，IPv4 アドレスの枯渇問題は深刻な問題です．IPv4 アドレスは最大でも 2^{32} 個ですが，その一部はネットワーク全体やネットワークを識別するものとしての用途があるため，実質的には 2^{32} 個よりも少ない数しか割り当てができません．CIDR や NAT/NAPT といった技術を使って一時的な対策をすることはできますが，いずれ IPv4 アドレスは枯渇してしまいます．

　1990年早々に枯渇問題が指摘され，それ以来，次世代 Internet Protocol（IP Next Generation：IPng）の策定作業が進められて，IPv6 が次世代の Internet Protocol として採用されました．それ以来，さまざまな実装が行われ，ほとんどのコンピュータの OS で IPv6 が利用できるようになっています．

　IPng の設計方針としては，アドレス空間を広げることと，ヘッダーをシンプルにすることがありました．当然ながら，トランスポート層を取り替えることはありませんので，トランスポートプロトコルはそのままで IPv4 と取り替えが可能なことも前提でした．この方針で策定されたいくつかのプロトコルの中から採用されたのが IPv6 になります．

　この節で解説するのは IPv6 のごく一部に過ぎません．より詳細な解説については，参考文献を参照してください．

9.6.1　IPv6 のアドレス空間

　IPv6 のアドレス長は 128 ビットです．IPv4 が 32 ビットですので，長さでは IPv4 の 4 倍になります．しかし，アドレス数が 4 倍になるのではなく，実に 2^{96} 倍になります．これは，地球の表面にアドレスを割り当てていくと，$1m^2$ 当たり 1000 個以上を割り当てることができる数になります．このことからも，アドレス空間が大変大きいことが分かります．

3	13	8	24	16	64bits
FP	TLA ID	RES	NLA ID	SLA ID	Interface ID

FP　　　　　　　Format Prefix(3bit)
TLA ID　　　　Top Level Aggregation Identifier
RES　　　　　　予約領域
NLA ID　　　　Next Level Aggregation Identifier
SLA ID　　　　Site-Level Aggregation Identifier
Interface ID　Interface Identifier

図9.4　IPv6 におけるプレフィックスの使途

　アドレス空間の広くなったことにより，サブネットの考え方も変更されました．IPv4 では，アドレスクラスや，CIDR によって，ネットワーク部を可変長にすることができましたが，IPv6 でのネットワーク部（プレフィック

ス：Prefix）は 64 ビットに固定されました．つまり，各ネットワークには 2^{64} 個のアドレスを持てるようにしたわけです．

　ネットワーク部は 64 ビットですが，各組織に 64 ビットのプレフィックスを割り当てるわけではなく，48 ビットのプレフィックスや 56 ビットのプレフィックスで割り当て，組織内で 8〜16 ビットのサブネットを作ることができるようにしています．

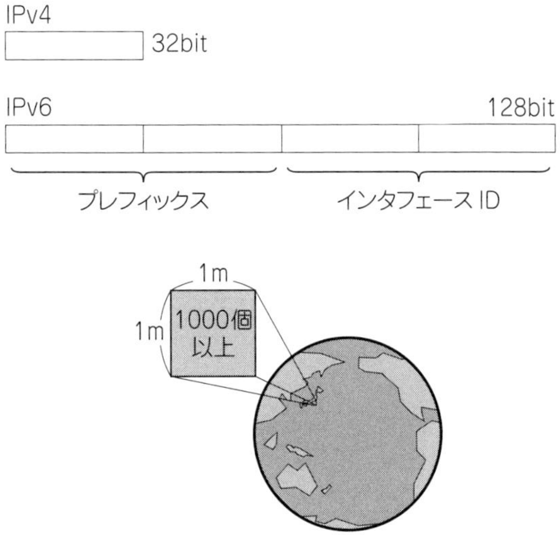

図 9.5　IPv4 と IPv6 のアドレス空間の比較

9.6.2 IPv6 ヘッダー

　次世代のインターネットプロトコルとして策定された IPv6 は，アドレス空間が広大になっただけでなく，ヘッダーも洗練され簡略化されました（RFC8200）.

　IPv6 のヘッダーフォーマットを**図 9.6** に示します．図 9.3 に示した IPv4 のヘッダーフォーマットと比較してかなりシンプルになっていることが分かります．ヘッダーのシンプルさがインターネット層での処理の簡略化につながり，それがネットワーク通信の性能向上にもつながります．

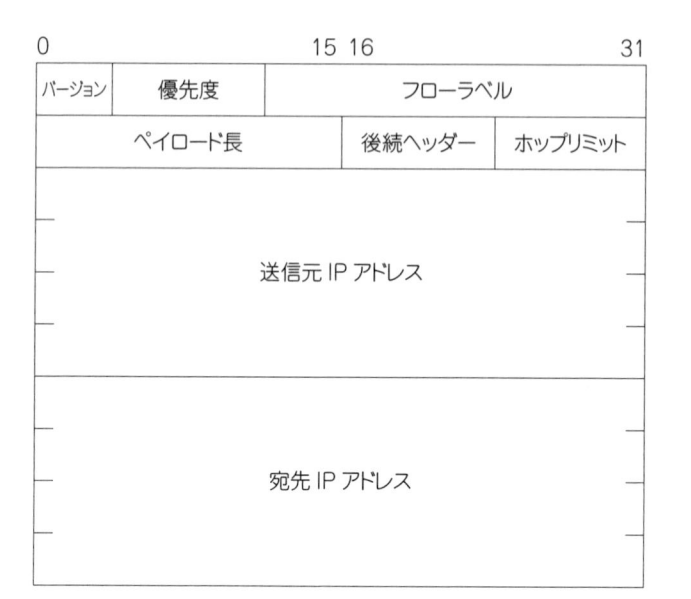

図 9.6　IPv6 ヘッダー

　バージョンは 4 ビットのフィールドで，IPv4 と同様に IP のバージョンが入ります．IPv6 では「6」（0101₂）になります．

　Traffic class（図 9.6 では「優先度」）は 8 ビットのフィールドで，パケットにどの程度の優先度を与えるかを指定できます．**フローラベル**は，宛先までの間にある中継ルータで特別な処理を要求できるように用意されたフィールドです．このフィールドは実験的なもので，実際にどう使うかについては決まっていません．

　ペイロード長は 16 ビットのフィールドで，IPv6 ヘッダーに続く部分の長さをオクテット単位で表現した値です．後続ヘッダーもペイロード長に含まれます．

　後続ヘッダーによって，IPv6 ヘッダーの直後に続くヘッダーの種類を識別します．IPv4 でのプロトコルフィールドと同じ使い方をします．

　ホップリミットは 8 ビットの値で，最大転送回数を示します．IPv4 でのTTL と同様，パケットを転送するたびに減ります．

これらに続く 256 ビットの部分は送信元と宛先の IPv6 アドレスが格納されます．その後ろには後続ヘッダーを含むデータが格納されます．

以上のように，IPv4 ヘッダーよりもかなりシンプルな構成になっていることが分かると思います．

9.6.3 IPv6 の他の機能

IPv6 の利点は単にアドレス空間が広大になっただけではありません．IPv4 では別のプロトコルであった暗号化（IPSec）が標準で組み込まれていることも利点の 1 つです．なお，現在では，この暗号化機構は推奨事項となっています（RFC6434）．

IPv6 では，後続ヘッダーという仕組みがありますので，その中で暗号化の指定ができます．IPv6 での暗号化の方式は 2 種類あり，Authentication Header（AH）と Encapslating Security Payload（ESP）です．IPv6 では，認証とデータの完全性，それからオプションですがデータの機密性をもサポートしています．

また，IPv4 では隣り合ったネットワークアドレスは地理上の近い位置に存在することは保証されていませんが，IPv6 アドレスの割り当ては位置情報を考慮したものとなっており，隣接したネットワークは地理上も近い位置になるように割り当てられます．それと同時に，隣接したネットワークアドレスが近い位置に存在することから，経路情報を集約することができるようになり，経路情報の爆発を抑えることが可能になりました．これは，転送先を検索するためのコスト（検索時間など）を最小化することになり，転送性能の向上に役立ちます．

例えば，fd00:1:1:1100::/64, fd00:1:1:1101::/64, fd00:1:1:1102::/64, fd00:1:1:1103::/64 という 4 つのネットワークがあると，fd00:1:1:1100::/62 までは同じビット列になりますので，これらの 4 つのネットワークの転送先が同一の場合，これらのネットワークに関する転送情報は fd00:1:1:1100::/62 に関する転送情報としてまとめることができます．

このように，IPv6 は IPv4 とは全く異なるプロトコルとして設計されている

ので，IPv4 ではできなかったことを盛り込んで，効率のよい運用ができるような プロトコルとなっています．

```
fd00:1:1:1100::/64 → fd00:1:1:0001 0001 0000 0000::/64
fd00:1:1:1101::/64 → fd00:1:1:0001 0001 0000 0001::/64
fd00:1:1:1102::/64 → fd00:1:1:0001 0001 0000 0010::/64
fd00:1:1:1103::/64 → fd00:1:1:0001 0001 0000 0011::/64
                ←    62bit 分が同一の内容    →

fd00:1:1:0001000100000000::/62 つまり fd00:1:1:1100::/62
```

章末問題

1. 次の2進数を IPv4 アドレスとして表しなさい.
   11000000000000000000000001001100100

2. CIDR によって，IPv4 アドレスの使用効率がどの程度改善されるか，ネットワーク部が24ビットと27ビットのネットワークに16台の機器を接続する場合を例にして考察せよ.

3. 次のアドレスのようなものを，IPv6 アドレスとして正しい表現に修正しなさい.
   fd00:2f8:003a:1100::::1

第 **10** 章

経路制御

Internet Protocol が IP データグラムを次の転送先に届ける役割を担っていることは，第 9 章で解説しました．しかし，IP はコネクションレス型の通信を行い，その到着確認をしません．単に転送先に指定された機器へデータを送り届けるだけの機能を担っています．

その役割は非常に重要ですが，その際に使用する情報はインターネット層のプロトコルで作成することはできません．別の階層もしくは手作業によって情報を登録または作成することになります．その情報が経路情報（Routing Information）であり，それを制御するのが経路制御（Routing Control）ということになります．

本章では，経路情報の作成，経路制御の方法，プロトコルについて解説します．

10.1 経路制御表

Internet Protocol が利用する経路制御表は，経路の情報を集め，その情報を元にして転送情報を作成し，その転送情報にしたがって作られていきます．この節では，経路情報と転送情報について説明します．

10.1.1 経路情報（Routing Information Base）

IP データグラムを送信元から宛先に届けるためには，途中のルータ（Router）と呼ばれるネットワーク機器で中継しながら宛先のネットワークまで IP データグラムを転送していきます．宛先のネットワークまで届いたら，そのルータが直接その宛先にデータを届けることになります．

では，インターネットのような大規模かつ複雑なネットワークの集合体の

中から，宛先のネットワークまでの通り道，つまりルータの一覧をどうやって発見するのでしょうか．宛先までのネットワークの状況についてすべて把握している状況であれば，宛先に直接 IP データグラムを送れるように思われがちですが，実際には隣のルータにしか IP データグラムを転送できません．

　そこで，各ルータが持っている所属ネットワークについての情報を集めます．この作業は，手作業で行うこともできますし，自動的に収集することもできます．関係するルータについての情報が集まれば，それらの情報を総合的に判定して，ツリーやグラフ構造を作成することができます．**図 10.1** に示すように，各ノード（ルータ）から次のノード（ネクストホップ）までの経路の情報（コストなど）が分かると，それらを総合的に表現したツリーを作成することができます．そのツリー情報から宛先のネットワークの場所が分かり，宛先に届けるためにどのルータに送ればよいか，ということも分かります．

　ノード間の接続状況を集めることで経路情報（Routing Information Base：RIB）が明らかになり，それに加えて，どのノードが宛先のネットワークを保有しているか，ということが分かれば，ツリーやグラフで表現されたネットワーク構造から転送情報を作成することができます．

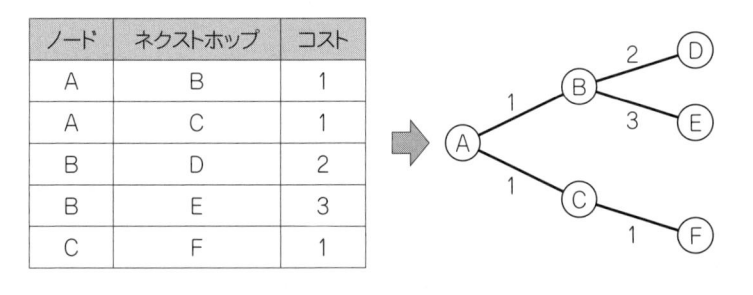

図 10.1　ノードの接続状況からツリー構造への変換例

10.1.2 転送情報（Forwarding Information Base）
経路情報（RIB）が分かれば，そこからどのルータに転送すれば宛先のネ

ットワークに IP データグラムを届けることができるか，ということも分かります．

RIB から実際にルータが使用する転送情報（Forwarding Information Base）に変換するための仕組みもいくつか存在しています．それが経路制御アルゴリズム（Routing Control Algorithm）になります．手作業もそのアルゴリズムのうちの1つであり，他は自動的に作成するアルゴリズムになります．ネットワーク運用の実際の現場では，手作業によって設定された FIB と，自動的に作成された FIB が混在することもあります．その場合は，各経路制御アルゴリズムで作成された FIB 情報に優先順位を付け，FIB 情報の競合が発生しないようにします（**図 10.2**）．

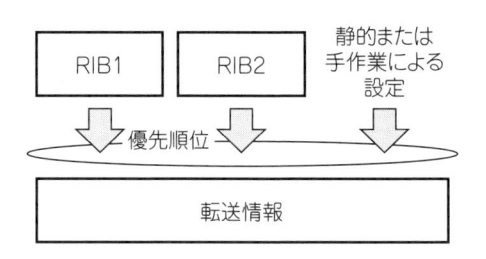

図 10.2　経路情報からの転送情報作成

各 OS でも経路制御情報を持っており，次のようなコマンドで確認することができます．まず，Solaris での例です．

```
% netstat -r ⏎
Routing Table: IPv4
   Destination          Gateway           Flags  Ref
-------------------- -------------------- ----- -----
default              192.168.1.1          UG      1
192.168.1.0          192.168.1.3          U       1
```

「Destination」の欄で宛先のネットワークを指定し，そのネットワークに到達するための Gateway が示されています．具体的な宛先に指定されていない

ものについては，default が宛先ネットワークに一致することになるので，この例では 192.168.1.1 へ転送すればよい，ということが分かります．

同じ UNIX 系の OS でも，Linux ではまた別の表示になります．

```
% netstat -r ⏎
Kernel IP routing table
Destination     Gateway         Genmask          Flags
192.168.1.0     *               255.255.255.0    U
default         192.168.1.1     0.0.0.0          UG
```

Linux の場合も同様に，「Destination」の欄が default となっている行がデフォルトゲートウェイになります．次に Windows の場合を示します．

```
% netstat -r ⏎
... (略)
IPv4 ルートテーブル
===========================================================
アクティブルート:
ネットワーク宛先          ネットマスク      ゲートウェイ  インターフェイス
      0.0.0.0            0.0.0.0    192.168.1.1     192.168.1.3
  192.168.1.0      255.255.252.0        リンク上     192.168.1.3
  192.168.1.3    255.255.255.255        リンク上     192.168.1.3
192.168.1.255    255.255.255.255        リンク上     192.168.1.3
```

「ネットワーク宛先」の欄が 0.0.0.0 となっている行がデフォルトゲートウェイの指定になります．

10.2 経路制御プロトコル

IP は決められた転送情報（FIB）に従って IP データグラムを転送します．この FIB が経路制御表と呼ばれるものになります．FIB の作成方法は，手作業で作成する静的な方法と，何らかのプロトコルを用いて自動的に生成する

動的な方法があります.

10. 2. 1 IGP と EGP

組織の内部での経路制御を担当するプロトコルが IGP (Interior Gateway Protocol), 組織の外部での経路制御を担当するプロトコルが EGP (Exterior Gateway Protocol) です.

各組織にはルールに従って **AS** (Autonomous System) **番号**というものが割り当てられており, AS 番号を使って EGP が機能しています. 各組織の中でも,規模の大小がありますので,内部での経路制御を行う必要もでてきます. その際に用いられるのが IGP です.

静的経路制御 (Static Routing) は比較的小さなネットワーク構成の場合での IGP として有効な手段となります. ネットワーク上に不要な経路情報が流通していたとしても, その情報に左右されずに運用することができます. ただし, ネットワーク構成は完全に把握する必要があり, 構成情報の取得が不十分な状況であると通信のできないネットワークが出てしまう可能性もあります. また, 動的経路制御 (Dynamic Routing) と組み合わせて, トラブル時などに一時的に経路を固定するためにも用いられます.

手作業で FIB を作成する場合, ルータやコンピュータで直接 FIB を操作します. コンピュータでは, **デフォルトゲートウェイ** (Default Gateway) というものを指定し, FIB に載っていない宛先, もしくはワイルドカードとして表現されている宛先のパケットをデフォルトゲートウェイに転送します. ルータでもデフォルトゲートウェイの設定をすることができます. UNIX でのデフォルトゲートウェイの設定コマンドは次のような形式になります.

```
route add default 192.168.10.1
```

デフォルトゲートウェイがなければ, FIB に載っていない宛先には転送できません. その場合には, 宛先に到達できない (Destination Unreachable) というメッセージが発生します. **図10.3**にパケット転送の様子を示しています. FIB には 4 つのエントリがあり, 4 つの宛先に 2 種類のゲートウェイが設定

されています．いま，図 10.3 の左のコンピュータが 192.168.1.2 宛にパケットを送り出す場合を考えます．宛先の IP アドレスと FIB 内の宛先ネットワークのリストを照合し，この場合は「192.168.1.0」の行が該当します．したがって，このパケットは宛先ネットワーク 192.168.1.0 に指定されているゲートウェイ「192.168.10.1」へ転送されることになります．

また，図 10.3 の右のコンピュータが宛先 IP アドレス 192.168.5.2 を送り出すことを考えます．これを受け取ったルータは FIB にこの宛先に該当するものが載っていないことがわかるので，その場合は「転送できない」ということを意味する「Destination Unreachable」メッセージを右のコンピュータに返送することになります．

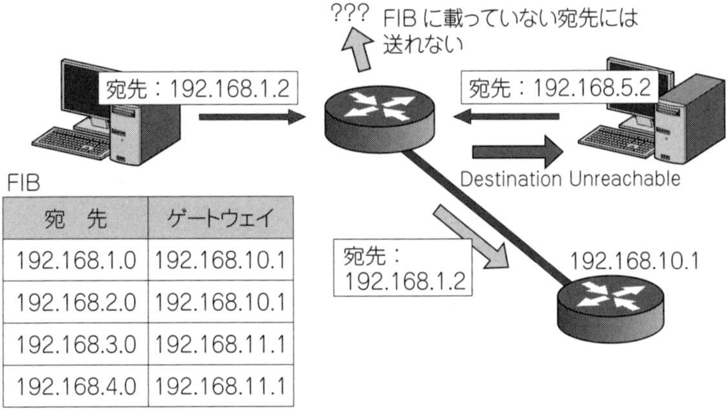

宛　先	ゲートウェイ
192.168.1.0	192.168.10.1
192.168.2.0	192.168.10.1
192.168.3.0	192.168.11.1
192.168.4.0	192.168.11.1

図 10.3　パケットの転送

動的経路制御にはいくつかの種類があり，リンク状態型（Link State Routing），距離ベクトル型（Distance Vector Routing），経路ベクトル型（Path Vector Routing）があります．以降の節で，それぞれのタイプの代表的な経路制御プロトコルについて解説します．

10. 2. 2　OSPF（Open Shortest Path First）

リンク状態型の RIB 収集法で，トポロジー情報を含んだ RIB を受け取り，

すべてのノードがその時点での他のノードまでの最短経路を計算し，それに基づいた FIB 情報を作成します.

　任意のノードから他のすべてのノードまでの最短経路を求める際に用いられる経路探索のアルゴリズムとしては**ダイクストラ**（Edsger Wybe Dijkstra）のアルゴリズムがあります. 出発点から近隣のノードを調べていき，その時点での最短の経路になるための経路を比較しながら，目標地点への経路を決定していきます.

　OSPF では，隣接ルータ間でメッセージのやりとりを行います. そのメッセージとして**表** 10.1 に示すものがあります.

表 10.1　OSPF のメッセージ

タイプ	メッセージの種類	機　能
1	ハロー（Hello）	隣接ルータの検出／維持
2	データベース記述	データベース情報を交換して比較
3	リンク状態の要求	データベースが古いときに新しいものを要求
4	リンク状態の更新	データベースの更新のためのリンク状態伝達
5	リンク状態の確認	リンク状態の確認応答

　隣接ルータ間でお互いの生存を確認するためにハロー（Hello）メッセージが用いられます. 初期状態では何もトポロジデータベースを持っていませんので，データベース記述のメッセージを使って交換します. その後，リンク状態を要求するメッセージ，リンク状態の更新メッセージを用いて新しい情報の要求とその情報の伝達が行われます. そして，その確認応答としてリンク状態の確認メッセージが送られます.

10.2.3　RIP（Routing Information Protocol）

　距離ベクトル型の RIB 収集法で，経路情報（Routing Information）をブロードキャストしながら，ネットワーク全体の経路を把握します.

　隣接ルータから RIB 情報を受け取ると，既に保持している RIB 情報と比較して，保持していない RIB 情報についてその中に格納されている距離に 1 を加え，その RIB 情報をブロードキャストします．そして，新しい RIB 情報に基づいて FIB を作成し，パケットの転送に用います．

　RIP では，経路情報を交換するのではなく，ルータ自身の持っている経路情報（RIB）をブロードキャストします．その情報を受け取ったルータは，その方向に「ブロードキャストされた距離＋1」の距離で目標のルータが存在している，という情報を再びブロードキャストします．

　図 10.4 のトポロジーで，ルータ A に関する情報として，ルータ B は「①ルータ A は距離 1 にある」という情報，ルータ C は「②ルータ B の方向，距離 2 にある」という情報を持っています．この状態で，ルータ A に何らかの障害が発生すると，ルータ A に最も近いルータ B から A に関する情報①が失われます．しかし，ルータ C はまだ古い情報②を持っているため，A に関する経路情報「②ルータ A はルータ B の方向，距離 2 にある」をブロードキャストしていて，それを B が受け取るとルータ C から届いた新しい経路情報であるという誤った判断を行って，「③ルータ A はルータ C の方向，距離 3 にある」という経路情報を作りだします．③を再びルータ B がブロードキャストするので，ルータ C がそれを受け取ってより大きい距離を持ったルータ A に関する経路情報「B の方向，距離 3+1」を作りだします．この循環がいつまでも続き，最長経路よりも長くなるまで繰り返されます．

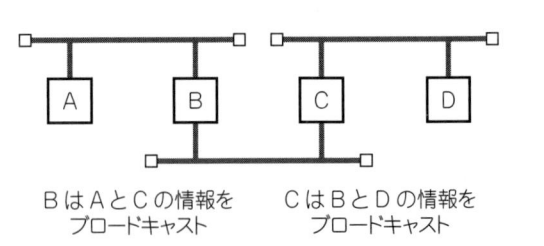

BはAとCの情報を　　　　　CはBとDの情報を
ブロードキャスト　　　　　ブロードキャスト

図 10.4　RIP での経路情報のブロードキャスト

　この問題は，**無限カウント問題**と呼ばれており，たった 1 箇所の障害によ

って，さまざまな箇所の経路情報がなかなか収束しないという状況を引き起こします．ネットワークが大きくなるとさらに収束に時間がかかるため，最近の IGP としては OSPF を使う傾向にあります．

10.2.4 BGP（Border Gateway Protocol）

BGP は，EGP の代表的な経路制御プロトコルで，宛先までの経路（向き）とその長さ(大きさ)を考慮した経路ベクトル型の経路制御プロトコルです．

BGP が対象としているのは組織間のネットワークの経路制御で，各組織には AS 番号というものが割り当てられており，それに基づいた経路制御が行われています．複数の AS が属しているネットワークは，一般的には，送信元の AS から宛先の AS までの経路が複数存在する，閉じたグラフのような形をしています．

閉じたグラフの場合には，宛先まで順調に辿っていく経路もあれば，送信元の AS に戻ってくるような経路も存在します．BGP では，隣の BGP スピーカ（AS）と AS Path の交換を行い，その中に自身の AS が含まれていれば，その AS Path を捨てます．つまり，自分自身の AS に戻ってくるような経路が存在した場合，RIB 情報からその経路を除外するだけで，FIB に入れる候補にならなくなります．RIP などでは候補から外すことができなかった問題ですが，BGP ではこのように簡単に解決することができます．

BGP は，AS Path List の中から最短経路をもつ AS Path を利用して転送先を決定する経路制御プロトコルになっています．

図 10.5 では，AS1 から AS8 までの経路（AS Path）が 3 種類存在します．つまり，AS1 のネクストホップは AS2, AS4, AS5 の 3 つになります．AS Path の長短を比較することでどれが最適な AS Path かということが分かりますので，その経路を通るためにネクストホップをどれにするか，ということが決まります．

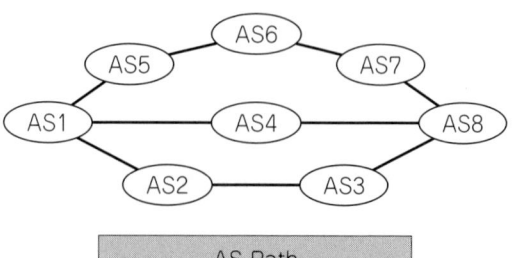

AS Path
AS1   AS2   AS3   AS8
AS1   AS4   AS8
AS1   AS5   AS6   AS7   AS8

図 10.5　BGP における AS Path

章末問題

1．所属している組織または ISP の主要なサーバまでの経路を調べよ．

2．図 10.1 において，A からその他のノードへのすべての経路を列挙せよ．

3．間違った経路情報によって，どのような影響がでるか，考察せよ．

第**11**章

各種通信メディアとプロトコル

　通信回線に使われるメディアは，時代とともに変わってきています．インターネットで利用されている通信メディアも同様に変化を繰り返しており，次第に高速・大容量通信に使えるメディアへと変化してきています．

　この章では，通信メディアとそれに関わるプロトコルについて解説します．

11.1　電気通信とコンピュータ間通信

　電気通信の歴史は，Samuel Morse が 1832 年に発明した電信に始まり，Graham Bell による電話（1876 年）の発明がありました，日本では 1869 年に電信が，1890 年に電話が使えるようになっています．

　その後コンピュータの発明があり，コンピュータ間の通信に電話網が利用されるようになります．ただし，この頃は「ネットワーク」ではなく，端末として接続するという形態でした．つまり，大きなホストコンピュータがあり，それを遠隔地から利用するための手段として電話網を使ったということになります．

　電話網で使われている電気信号はアナログ信号ですが，コンピュータ内で使われているのはディジタル信号です．アナログ信号をディジタル信号に，そしてその逆の変換を行う機器が必要になることは明らかです．

　そこで，開発されたものが**モデム**（Modulation / Demodulation）というものです．当初は音響カプラというものを電話の受話器に取り付けて，音響情報をディジタル信号に変換またはその逆変換を行いましたが，電話の引込線に直接接続できるようになってからは，音響信号ではなく電気信号を直接ディ

ジタル信号に変換するものがでてきました.

その後にモデムの技術開発が進み,一般電話回線で最大 56Kbps,PHS 回線で 32,64,128Kbps,ISDN 回線で 64,128Kbps,携帯電話ネットワークで 300Mbps の通信速度が実現できるようになっています.

ネットワーク専用の回線はどうなっているかというと,1Mbps に始まり,現在 100Gbps の回線が実用化されており,200Gbps や 400Gbps のものが開発中です.以下の節では,ネットワーク専用の回線技術とそのプロトコルについて解説します.

11.2 有線 LAN

インターネットの黎明期には,WAN と LAN とでは使っている通信規格が異なりました.それは,LAN の規格上伝送距離に制約があったため,WAN では長距離伝送向けの通信規格を使っていたからです.最近は,LAN 技術が進歩し,WAN であっても LAN の技術を取り入れることが可能になったため,ほとんどすべてのネットワークが LAN の技術を使うようになっています.

LAN の通信規格として,Ethernet(イーサネット)がよく用いられます.表 11.1 に,これまでの Ethernet に用いられてきた通信メディアとその特徴について示します.

表の中の光ファイバーの表記(SMF,MMF)ですが,それぞれシングルモードファイバー,マルチモードファイバーと呼ばれるもので,特性が異なります.シングルモードファイバーは長距離伝送向けで,コアの部分は非常に小さく,光信号はほとんど直線的に進みます.マルチモードファイバーは短距離伝送向けで,コアは比較的広く,光信号は波長を変えて同時に幾つもの信号を伝送することができます.

当初は,1BASE などの規格もありましたが,普及したのは 10BASE-5 からです.1979 年に Xerox,DEC,Intel が提案した DIX Ethernet,1983 年に IEEE(アメリカ電気電子学会)が定めた IEEE 802.3 Ethernet の 2 種類が存在します.

表 11.1　各種通信メディアと特徴

名　称	メディア	回線容量	距　離
10BASE-5	同軸ケーブル	10Mbps	500m
10BASE-2	同軸ケーブル	10Mbps	185m
10BASE-T	ツイストペアケーブル	10Mbps	100m
100BASE-TX	ツイストペアケーブル	100Mbps	100m
1000BASE-SX	光（MMF）	1000Mbps	550m
1000BASE-LX	光（SMF）	1000Mbps	10km
1000BASE-TX	ツイストペアケーブル	1000Mbps	100m
10GBASE-T	ツイストペアケーブル	10Gbps	100m
10GBASE-SR	光（MMF）	10Gbps	300m
10GBASE-LR	光（SMF）	10Gbps	10km
10GBASE-ER	光（SMF）	10Gbps	40km

　どちらも Ethernet ですが，**図 11.1** に示すように，フレームと呼ばれるヘッダーのフォーマットが異なります．それぞれにヘッダーを持っていますが，その中の一部が異なるのみで，その値を判定することで Ethernet のタイプを区別することができます．ペイロードを含めても ether-frame の長さは高々 1500 オクテット（0x5DC）になりますので，それを超えるものは DIX Ethernet であると判断できます．

	6	6	2	46–1500	4
IEEE802.3 フォーマット	宛先 MAC アドレス	送信元 MAC アドレス	データ長	ペイロード	CRC
DIX フォーマット	宛先 MAC アドレス	送信元 MAC アドレス	Ether type	ペイロード	CRC

図 11.1　Ethernet フレームのフォーマット

11. 2. 1 同軸ケーブル, 銅線

　地上波や衛星回線のテレビ用のアンテナの引き込み線を見たことがあるでしょうか？　それよりももう一回り太いケーブルで, 構造としてもより複雑なものを使って, 有線 LAN を構築していました. 10BASE-5 という名称で, 500m まで伝送可能でした.

　Ethernet ケーブルは直径 1cm 程度で, 中に銅線が入っており, そこに針を突き刺してネットワークケーブルを接続するというものでした. その刺し具合でそのネットワークの信頼性が変わるというものでしたが, 基幹ネットワークとして利用するには十分なものでした.

　10Base-2 と呼ばれる細い同軸ケーブルを用いた Ethernet になると, 伝送距離は 185m になりましたが, 少し取り扱いが楽になります. 同軸ケーブルの途中に接栓を設けて, そこから同軸ケーブルを分岐してネットワーク機器に接続します.

　その後, ツイストペアケーブルを用いた 10BASE-T になるとさらに取り扱いが簡単になり, それに伴ってネットワーク機器の価格が下がり, さらに 10BASE-T が普及するという循環を繰り返し, 爆発的に普及していきました.

11. 2. 2 光ケーブル

　光ケーブルは, 非常に取り扱いが難しいメディアでしたが, 現在では, 比較的簡単な銅線と同程度の取り扱いができるメディアに変わりつつあります. 利用可能になった当初, 光ケーブルのコアはガラス製で非常に折れやすいものでしたので, 固くて太いクラッドと呼ばれる覆いで保護されていました.

　その後, ガラス製であったコアは高分子ポリマー（つまり, プラスチック）で作られるようになり, 曲げにも強くなっています. FTTH（Fibre to the Home）で用いられている光ファイバーもほとんどがこのタイプです.

11. 2. 3 ネットワークインタフェース層での通信方式と送信権制御

　OSI 参照モデルではデータリンク層と物理層に相当する階層での通信方式ですが, 基本的にはブロードキャスト（1 対全）となります. ネットワークの形式として, **媒体共有方式**と**媒体非共有方式**があり, 前者はバス型やリング

型のネットワーク，後者はスイッチなどを用いたネットワークとなります．

　媒体共有型のネットワークでは，通信媒体に接続されたすべてのノードが通信媒体を流れているデータにアクセス可能で，一度はすべてのノードがデータを受け取ります．その後，フレームに書かれている MAC アドレスを調べて，自分宛てのものであればそのまま受け取り，自分宛てのものでなければそのフレームを捨てます．

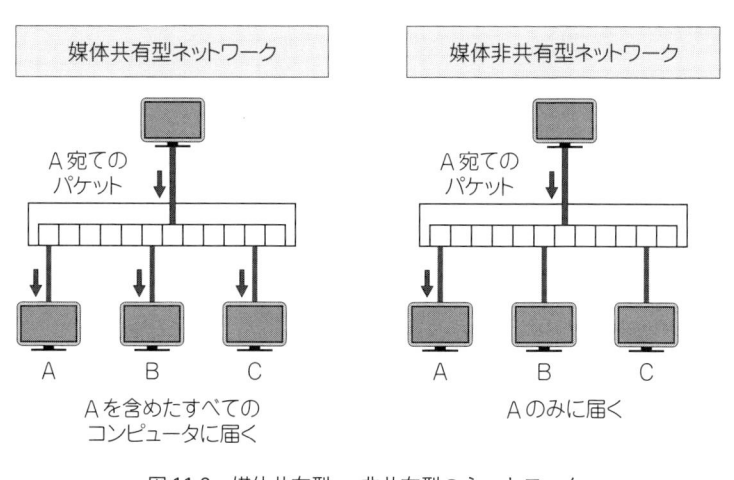

図 11.2　媒体共有型・非共有型のネットワーク

　媒体非共有型のネットワークでは，最初はブロードキャストになりますが，その際の通信から送信元と宛先の MAC アドレスとそれぞれの接続先（ポート）をネットワークスイッチが学習します．次回以降の通信時には，送信元と宛先のポートの間にしかデータを送らなくなり，余計な接続先にデータを転送しなくなります．この点から，媒体非共有型のネットワークは，送信元と宛先のノード以外はそのフレームにアクセスできなくなりますので，セキュリティ面でも安全なものであると言えます．

　また，媒体に同時にアクセスするとデータが壊れてしまいますので，排他的に送信権を設定するために，送信権を制御する必要があります．媒体非共有型でも最初の通信にはブロードキャストを使いますので，同じ制御方式が

必要になります.

　その方式は，ネットワークにデータを送信できる状態であるかどうか，回線が空いている状態かどうかを確かめ（Career Sense），そして，空いていれば誰もが等しく回線にアクセスする権利を有する（Multiple Access）という方式です．そして，回線に同時にデータを送信するとデータが壊れてしまうので，データが壊れたかどうかを検出する（Collision Detection）仕組みも必要です．これらを合わせて **CSMA/CD 方式** と呼ばれます.

　衝突が起きた場合は，しばらく待った後で再送信します．そのときに，すべての送信者が同じ待ち時間になると，次の再送信も同時に発生することになるので，それぞれが乱数を発生させてランダムな値に決めています.

11.3　無線 LAN

　いまや,ポータブルゲーム機にも搭載するようになった無線 LAN 機能ですが，1997 年に規格ができてから 20 年ほどしか経過していません．最初が1Mbps，実際に使えるようになった際に 11Mbps，そして現在，最大 866Mbpsの転送性能を持つようになっています.

11.3.1　無線 LAN の規格

　IEEE では有線だけでなく，無線 LAN についても規格化しています．無線LAN については，IEEE802.11 シリーズとして規格化されています．**表 11.2**に，規格化された年代順に列挙します．Wi-Fi Alliance が相互接続を認証した無線 LAN 製品の表示としては，IEEE802.11n が Wi-Fi4，IEEE802.11ac がWi-Fi5，IEEE802.11ax が Wi-Fi6 となります.

11.3.2　無線 LAN での送信権制御

　無線 LAN は電波を使う方式になりますので，誰でもその電波にアクセスできることになります．その意味では媒体共有型に近い通信方式となります．また，誰もが電波に載せたデータを送出するのに同じ権利を有します.

　誰もが同じ送出権を有していることで，一斉に送信してしまうと同じ電波に複数の通信が入り交じることになり，データの衝突が発生してしまいます.

有線 LAN よりも無線の方が衝突が起きやすくなっているのです.

表 11.2 無線 LAN の規格と転送速度

タイプ	転送速度	周波数帯
IEEE 802.11	2Mbps	2.4GHz
IEEE 802.11b	11Mbps	2.4GHz
IEEE 802.11a	54Mbps	5GHz
IEEE 802.11g	54Mbps	2.4GHz
IEEE 802.11n	65〜600Mbps	2.4GHz, 5GHz
IEEE 802.11ac	290〜6934Mbps	5GHz
IEEE 802.11ax	600〜9607Mbps	2.4GHz, 5GHz

　そこで,衝突を回避するための送信権の制御方式が必要になります.基本的には,有線 LAN と同じく,回線の使用状況を把握し(Career Sense),空いていれば誰でも送信できる(Multiple Access)ですが,衝突を回避(Collision Avoidance)しようとする方式が採用されています.これらを合わせて,**CSMA/CA**(Career Sense Multiple Access with Collision Avoidance)**方式**と呼ばれます.

　回線(無線チャンネル)が空いていなければ,回線が空くまで待機します.このときに,誰もが同じ時間の間待機すると,次の Career Sense も同時に行ってしまうことが容易に想像できますので,待ち時間はランダムにして Career Sense が同時に起きないようにします.このようにして衝突を回避しようとしますが,フレーム間に待ち時間が入ることで通信に要する時間が長くなり,その結果,通信効率は有線 LAN よりもかなり下がります.

11.3.3 無線 LAN のセキュリティ

　無線 LAN は電波を使っているため,有線 LAN よりも盗聴に弱いものになっています.有線 LAN であれば,物理的なケーブルのある場所にいる場合に

限り盗聴が可能になりますが, 無線 LAN の場合は電波で四方八方に伝搬していきますので, どこで盗聴されているか分からないという事情があります. それゆえに, 有線 LAN とは別のセキュリティ対策を必要としています.

そこで, 無線 LAN の基本的なセキュリティ対策として, SSID（Service Set Identifier）という無線 LAN のアクセスポイントを示すものと WEP（Wired Equivalent Privacy）キーによって, 暗号化を行い, 通信内容を保護します. しかし, SSID と WEP キーはもはや安全な方法ではなく, その次のセキュリティ規格である WPA2（WiFi Protected Access）や WPA3 が主流になっています.

WEP キーの長さとして 40bit と 128bit を利用することができます. しかし, 単純な暗号アルゴリズムなので, 無線を傍受して得られたデータから WEP キーを推測できるということが分かっています. したがって, 簡単にその無線 LAN を利用できるという欠点があります.

特に性能が求められ, 盗聴などの影響を考慮にいれない, という状況であれば暗号化やその他のセキュリティ設定は必要ないかもしれませんが, 一般家庭等の場合では, 最低でも WPA2-PSK, できれば WPA3 による暗号化を行う方がよいでしょう.

WEP や WPA の暗号方式を利用すると, 転送性能はかなり下がります. IEEE802.11n では 65〜600Mbps という理論上の性能がありますが, 実際にその速度で通信できるわけではありません. 11Mbps での性能を実際に計測したものがありますが, 暗号化なしで 4〜5Mbps, 暗号化ありで 2〜3Mbps という性能になっています. 暗号化なしで約半分, 暗号化すると 2, 3 割にまで減少します.

図 11.3 と**図 11.4** は, 802.11b（理論値 11Mbps）での送受信のスループット（転送性能）を測定した結果ですが, どちらも 4〜5Mbps 付近の性能を示しており, 理論値の半分以下の性能となっています. この測定には WEP による暗号化は行っていませんので, WEP による暗号化を行った場合, さらに性能が理論値から遠くなることが容易に想像できます.

また, この測定には無線 LAN のアクセスポイントに測定用のコンピュータ

のみを接続して行っており，接続しているコンピュータが多くなればなるほど性能は悪くなります．現在の無線 LAN ではかなり広帯域になってきていますので，このように性能が悪くなることはないと考えられますが，有線 LAN とは違う性能劣化が発生することも知っておいた方がよいと思います．

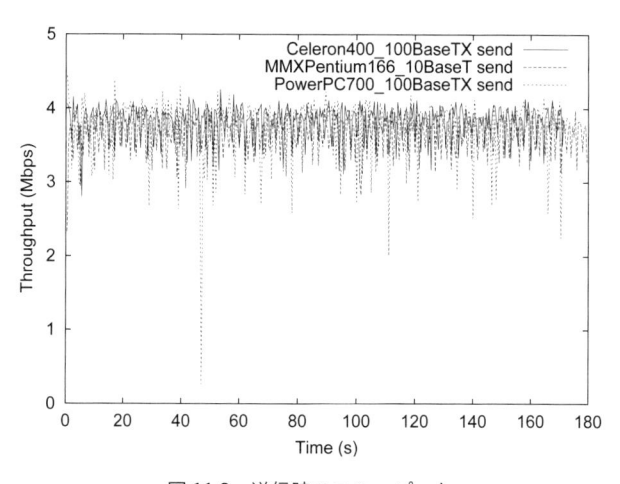

図 11.3　送信時のスループット

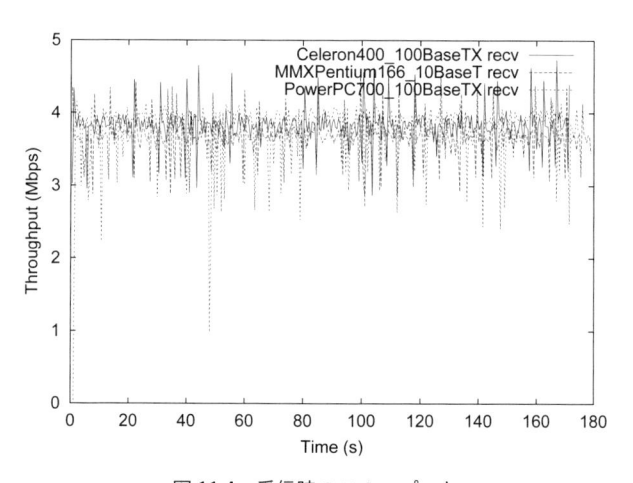

図 11.4　受信時のスループット

章末問題

1. 1MB のファイルを転送する時間について，56Kbps のモデムと 10Mbps の Ethernet の場合とを比較しなさい．

2. 普段使用している通信メディアについて，実際にどれくらいの性能で通信を行っているか，計測せよ．

第**12**章

ネットワーク・セキュリティ

　現在，インターネットでは，毎日のようにセキュリティに関わる事件が発生し，さまざまなメディアで報じられるようになっています．インターネットというコンピュータ・ネットワークに接続すると，さまざまな有益な情報を入手することができますが，悪意のある情報に遭遇することもあります．

　また，インターネットから要求もしていないパケットが押し寄せてくることも可能性としてはありますし，それに生真面目に応えようとするルータに不具合が発生することもあります．

　本章では，インターネットに関わるセキュリティ問題について解説し，その対策や心得などについて述べます．

12.1 インターネット上で起こる数々の事件

　世の中が西暦 2000 年問題で躍起になっていた 2000 年の年明け早々，日本では当時の科学技術庁の Web ページが改竄（かいざん）されるという事件が発生しました．その後日本の各地で Web ページの改竄事件が多発しました．その犯人は結局明らかにならないままでしたが，この事件をきっかけにして，日本の情報セキュリティ政策に対する向き合い方が変わったと思います．

　それ以前の最大級の事件は 1989 年にありました．電子メールの送信・転送を担う SMTP サーバの欠陥を利用して次々と他の SMTP サーバに伝搬していくという，ワームが大流行したことがあります．これがインターネットにおけるセキュリティ事件の始まりであると考えられています．インターネット元年とされる 1995 年以前には，フロッピーディスクなどの記憶媒体を介したコンピュータウイルスの感染が主な事件でしたが，インターネットに接続す

るコンピュータが増え，ブロードバンド化して常時接続するようになってからは，ウイルスもネットワークを介して伝搬するようになりました．

セキュリティ事件は，Web ページの改竄，ウイルスの感染・伝搬だけではありません．ネットワークに繋がっているコンピュータでは，当然ながらいくつかのプログラムが稼働しています．コンピュータプログラムはその設計図とも言えるソースコード（またはソースプログラム）に書かれたとおりに動作します．

しかし，書かれたとおりに動作するのも限界があり，場合によってはソースコードどおりに動作しないこともあります．そのような状態を引き起こすものが，第 7 章でも解説した悪意のある入力値やプログラムです．これらのデータ等はソースコードには表れず，実行して始めて明るみに出るものもあります．

ソースコードの責任はプログラマーにあると言われますが，**ランタイムエラー**と呼ばれる誤作動に分類されるものについてはプログラマーに責任があるとは言えません．なぜなら，プログラムを作成した段階では分かっていない誤作動が，あとになって判明することもあるからです．

悪意あるデータ等はネットワーク経由で受け取ることが多くなっており，ネットワークを通過しているデータを解析することにより，問題の箇所を発見することもできます．しかし，「データを解析する」ということは「通信を傍受する」という解釈もできますので，解析する対象を限定する必要はあります．

以下の節では，技術的なセキュリティ対策方法，パケットの解析，などについて解説します．

12.2 セキュリティ対策のための技術

ネットワークに接続されたコンピュータに対するセキュリティ対策を考えてみます．ネットワークにおける具体的なセキュリティ対策として，いつでもネットワークを利用できるようにすること，ネットワーク上でやり取りされるデータが完全であること，重要なデータについてはネットワークからの

利用を制限したり，権限違反が起きないような対策をとったり，などがあります．

　ネットワークのつなぎ目（境界線）でこれらの対策を行うことが多く，**ネットワークの境界線セキュリティ**（Network Perimeter Security）と呼ばれます．必要なセキュリティ対策を実施できる情報システムやネットワーク構成を採用して，さまざまな事故を防ぐ対策を行う必要があります．この節では，技術的な対策について解説します．

12.2.1　ファイアウォール

　実社会での役割としては，火事の際に延焼を防ぐために設置されている防火壁になりますが，情報ネットワークやシステムでの役割としては，保護すべき対象に到達するネットワークの一歩手前でデータの流入・流出を仕分けするように設計されているもので，専用の機器またはソフトウェアになります．

　保護の対象としては，ネットワーク全体，部門ごと，あるいはコンピュータそのものになります．どういったものを保護するのかということは，その管理者で決めればよいことで，決まったやり方はありません．しかし，ほとんどのファイアウォールは先に述べたものを対象として設置されています．

　最も大きな役割として，外部のネットワークから内部のネットワークを保護する，ということがあります．「外部ネットワーク」の捉え方は，内部ネットワークの捉え方に依存しますが，信頼のおける内部ネットワークと，信頼のおけない外部ネットワークとの通信を見張っていて，ルール違反の通信を見つけたらそれを防御します．

　また，近年は外部ネットワークから内部ネットワーク等を保護するだけではなく，内部から外部ネットワークへ悪影響を及ぼす通信についても監視する必要が出てきています．実際に行われている例として，OP25B と呼ばれる，電子メールの送信制御があります（13.1.1 項参照）．近年のコンピュータウイルスの中には，それ自身で電子メールを送る機能を持っているものがあり，コンピュータ内のファイルを勝手に送信してしまうものもあります．それが情報漏えいやそのウイルスのさらなる感染拡大等に繋がること

から，電子メールを送信できるコンピュータを限定することになっています．それを制御しているのもファイアウォールであると考えていただいて差し支えないです．

さて，防御の方法としては，何も通知なしに遮断する，別の情報へ誘導し必要事項を表示する，などがあります．前者については，内部から外部への通信であれば，何かルール違反の通信が発生していて，それが意識されたものかどうかに関わらず遮断されます．後者の場合は，無線 LAN の認証などによく用いられている方法ですが，WWW の通信が発生した際に，そのページ要求を横取りして，強制的に認証ページを表示する，といった運用が可能です．

ファイアウォール上で通信を制御する代表的な方法として，IP アドレスによる方法と，ポート番号による方法の 2 通りがあります．どちらの方法にも共通している事項として，基本的には，どの IP アドレスでもポート番号でも通信が発生しないようにする，**closed な**（閉じられた）運用にする，ということです．そして，必要な IP アドレスまたはポート番号のみの通信を許可するようにし，その登録情報での通信のみを監視することです．

逆に **open な**（開かれた）運用にして，気がついた部分のみを遮断するようにしていると，危険な新しいサービス等が開始されたとしても，それを知らなければ通信は許可されたままになり，気がついたときには遅かった，ということになりかねません．また，開かれた運用になっていることで監視するポイントが多くなり，流出するデータの監視が行き届かず，結果として情報流出を許してしまっている，ということも考えられます．

それでは，IP アドレスやポート番号をどうやって判別するのでしょうか．それは 12.3 節で詳しく説明しますが，インターネット層やトランスポート層のプロトコルにはヘッダーというものが必ず付いており，IP アドレスとポート番号がそれぞれのヘッダーに含まれています．

TCP ヘッダー（図 8.2）では，先頭の 4 オクテットが送信元と宛先のポート番号，IPv4 ヘッダー（図 9.3）ではその 13 オクテット目から 4 オクテット分の領域に送信元と宛先の IP アドレスが格納されています．

　ファイアウォールでは，送受信パケットの各ヘッダーを解析して，ルールに合致したもののみを通過させています．例えば，A というコンピュータの B というポート番号へのパケットは許可，しかし A というコンピュータの C というポート番号へのパケットは不許可，というようにルールを記述します．

　ポート番号は 2 オクテットの長さに決められていますが，IP アドレスは 4 オクテットの長さになりますので，ポート番号の方が数が少なく，制限をかけやすいということがあります．

　実際に，主要なサービスを利用する通信に必要となるポート番号は限られていますし，IP アドレスでの制限を，保護するネットワーク内の宛先以外に広げることは多くの IP アドレスによる設定を維持管理することになりますので，現実的ではありません．こういった理由によって，ファイアウォールは標準的にはポート番号に関しては closed な設定で使用し，IP アドレスは保護するネットワーク内の宛先サーバに限るという運用を行っています．

12.2.2　侵入検知・防御システム

　コンピュータやネットワークを守るシステムとして，外部ネットワークからの不正侵入を検知するシステム（Intrusion Detection System）や，それを未然に防御するシステム（Intrusion Prevention System）などがあります．これらのシステムでは，過去に起こった事例を元にルールを幾つも作成し，それに一致した通信を侵入であると識別して，その行動を報告したり，その通信を遮断したりします．

　ただし，検知して直ちに遮断すると，誤検出という場合もありえますので，侵入検知・防御システムを導入していても，実際の防御行動に出ることのできない組織もあります．誤検出には 2 種類あり，false positive（表 12.1 不正解 1）と false negative（同不正解 2）です．

　false positive は，正しい通信であるけれども，侵入だと検知してしまうものです．侵入はしっかりと検出し，さらに正しい通信の中から侵入であると検知しているので，正しい方向で誤検出をしていることになります．

　false negative は，侵入に用いられている通信であるけれども，誤って正し

い通信として扱われているものです．この場合は，侵入なのに見過ごしているという点で，false positive よりも深刻な問題となります．

　これら 2 種類の誤検出を減らすことが課題となります．一般的には，false positive は安全のための許容範囲と捉えることはできますが，false negative は侵入を防ぐことができていないので，できるだけ少ないことが望ましいとされています．

表 12.1　false positive と false negative

実際／検知結果	正常	侵入
正常な通信	正解	不正解1
侵入行動	不正解2	正解

　しかし，誤検出に限らず正しい通信においても，その周辺のデータ，知識等を完全に取得することは困難であるため，誤検出は必ずしもゼロにならないことが知られています．ファイアウォールや侵入検知システムのような技術的な対策も完全ではなく，導入すればそれで対策が完了したわけではありませんので，日常的な監視・分析活動は必要です．

12.3　パケットキャプチャー

　ファイアウォールや侵入検知システムでは，ネットワーク上を流れていくパケットを掴まえて，そのパケットを解析し，ルールと一致するパケットを発見しています．

　ネットワークの転送速度は 10Gbps にも達しており，境界線のネットワーク機器においてその転送速度でパケットを掴まえて，即時解析を行う，ということはソフトウェアでは不可能な領域に入っています．そこで活躍しているのがハードウェアでのパケット解析です．

　ネットワーク機器の中にはプログラミング可能なソフトウェアが入っています．そのソフトウェアはコンピュータ上のソフトウェアとは構成が異なり，ハードウェアに限りなく近い場所に置かれていますので，ハードウェアの性

能を十分に引き出すことができるようになっています．そのため，回線の転送速度を落とすことなく，パケットを解析・転送することができるようになっています．

　この節では，ハードウェアではなく，コンピュータレベルでパケットを掴まえることができる，**パケットキャプチャー**（packet capture）について解説します．

12.3.1　パケット単位での解析

　ここから解説する内容は，一線を超えてしまうと盗聴になってしまいますので，管理権限の及ぶ範囲内（ネットワーク内，コンピュータ単体等）で行うようにしてください．

　コンピュータ上でパケットを掴まえるためには，専用の機能を用いる必要があります．通常のパケットはネットワークインタフェース層で選別されてしまうので，ネットワークインタフェースをどんなパケットでも掴まえることができるモード，**プロミスキャスモード**（promiscuous mode）にする必要があります．

　プロミスキャスモードでは他のコンピュータ宛てのパケットでも掴まえることができるため，一線を超えてしまうと盗聴になってしまいますので，注意が必要です．しかし，図 11.2 で解説した媒体非共有型のネットワークでは，スイッチが送信元のポートと宛先のポートを学習して，そのポートに直接データを送り込みますので，promiscuous mode でも，他のコンピュータ宛てのパケットを受け取ることはできません．

　UNIX ではパケットキャプチャー用のライブラリ pcap を用いた **tcpdump ユーティリティ**が有名です．Windows や Macintosh などでも同様のソフトウェアを利用することができます．パケットをキャプチャーしても，その通信を行っているアプリケーションへのデータの受け渡しには影響はありません．

　tcpdump ユーティリティは，TCP という名前は付いていますが，TCP だけではなく，他のプロトコルにも対応しているパケットキャプチャーツールです．tcpdump を root 権限で動作することにより，そのコンピュータに到着しているパケットの実体を掴まえることができます．**図 12.1** にそのパケットの

例を示します.

```
                                    ┌── プロトコル番号：06 ＝ TCP

   4510  00e8  c4be  4000  40 06  5ae6  0a01 0350 ── 送信元 IP アドレス
   0a01 030a  0016  8cda  2ab5  3c9b  8f5d  e8a0 ── 宛先 IP アドレス
                                                    ── 送信元・宛先ポート
   5 018  8052  1b36  0000  114c  abe3  03a3  4e8c     番号
   656c  d841  7117  3fe4  c1e2  6923  7f7f  05ff
   ac00  0978  c085  bf1b  6446  95b2  76ce  531f
   ba22                                    データ部
                ── TCP ヘッダ長 4 バイト（4 オクテット）単位の長さ
```

図 12.1　パケットの例

　取り込まれたパケットは，実際にネットワーク上でやり取りされているものですので，当然ながら図 8.2 に示した TCP ヘッダーや，図 9.3 に示した IPv4 ヘッダーも含んでいます．図 12.1 に示したパケットデータは，Ethernet フレームから取り出してきたデータになりますので，先頭は IP ヘッダーになります．16 進数で 2 桁分が 1 オクテットを示しています．先頭から 13 オクテット目に送信元の IP アドレス（16 進数表記），その次の 17 オクテット目に宛先の IP アドレスが配置されています．

　オプションのない IP ヘッダーでは，先頭 2 オクテットは 16 進数で 4500 になります．その次にデータグラム長，識別番号，フラグ，フラグメントオフセット，TTL，上位プロトコル番号，チェックサムと続き，送信元の IP アドレス，宛先 IP アドレスとなります．

　IP ヘッダーの次が上位プロトコルのヘッダーとなります．上位層のプロトコルは，IP ヘッダーのプロトコルフィールド（10 オクテット目）に格納されていますので，それに従って上位層プロトコルに引き渡されます．パケットキャプチャーの場合も，そのプロトコル番号に応じたヘッダー領域の解析を行います．図 12.1 の場合は，10 オクテット目は 06 となっていますので，上位層プロトコルは TCP ということになります．

　図 12.1 では，21 オクテット目からの 2 オクテットが送信元ポート番号（0x0016 ＝ 22）で，35 オクテット目からの 2 オクテットがウィンドウサイズ

（0x8052 = 32850）になります．TCP ヘッダー長は 33 オクテット目の 1 桁目で表しているので，4 オクテット単位の 5 つ分，つまり TCP ヘッダー長は 20 バイトになります．したがって，41 オクテット目がデータの始まりになります．

図 12.1 のうち、IP ヘッダーの部分の詳細を示します．

```
○ IPv4 ヘッダー
4510 00e8 c4be 4000 4006 5ae6 0a01 0350
0a01 030a
   4 ‥‥‥‥ IPv4
   5 ‥‥‥‥ IP ヘッダ長
  10 ‥‥‥ サービスタイプ
00e8 ‥‥‥ データグラム長
```

12. 3. 2　一連のパケットを用いた解析

前項で解説したパケットは 1 つのパケットに関する解析例です．これは比較的小さなデータ（最大セグメントサイズ以内のデータ）を送受信する場合で使える方法になります．しかし，TCP で大きなデータを転送する場合，最大セグメントサイズを超えてしまいますので，データを適切な長さに分割して転送することになります．

TCP の場合，バラバラになったデータを受け取った受信側で再構築する必要がありますので，順序どおりに並べ替えることが必要になります．その際に TCP ではシーケンス番号を参照しつつ，順序どおりに並べ替えます．パケットキャプチャーを行った場合は，自動的な再構築は行われませんので，キャプチャーアプリケーション内で並び替え・再構築を行うことになります．

そうして，一連のパケットを集め，その中で特徴あるデータの流れなどを検出しながら，攻撃パケットでないかどうかを判定する必要があります．「一連のパケットを集める」ということなので，集めておいたパケットを格納するためのメモリー領域も必要になります．パケットを収集して留めて置く時間が長ければ長いほど，詳細な調査が可能になりますが，それだけメモリー資源を消費していきますので，あまりに長い留保期間を設定してしまうと，パケットキャプチャーを実行しているコンピュータ等のメモリー資源を消費

し尽くしてしまうこともあります．

　これまでにこのような状況でファイアウォールの機能障害を引き起こした例もありますので，メモリー資源の消費量とどの程度の詳細な調査が必要なのか，ということについて，システムごとに必要な調整をすることになります．

12.4　ネットワーク経由の事件，攻撃

　この節では，パケットキャプチャー機能を使って対策を行うことができる事件，攻撃について解説します．しかし，現時点で対策ができても将来にわたって有効な対策はないので，事件・攻撃のトレンドについて継続的な調査は必要です．

12.4.1 DoS, DDoS 攻撃

Denial of Service，Distributed DoS 攻撃と呼ばれるもので，1 つ 1 つの攻撃パケットは小さいものでも，単位時間あたりの数が膨大になると，サービスを行っているサーバ側の処理に遅延が発生し始め，最後にはサービスの提供ができなくなるというものです．

　このような攻撃は，送信元の IP アドレスを詐称していることが多く，原因となる送信元を素早く特定することが困難なものです．パケットキャプチャーをしていても，IP アドレスを誤魔化されていると，その IP アドレスからの攻撃を止めたとしても，別の IP アドレスからの攻撃を装ってくる場合もありますので，イタチごっこになってしまいます．

　また，1 つのコンピュータからの DoS 攻撃では，その IP アドレスからの攻撃をブロックする対策を行うと，それ以降攻撃ができなくなってしまうので，攻撃側を分散化して同時多発的に行うことも実際には起きています．これを DDoS 攻撃と呼んでいます．

　同時に攻撃パケットを発生させる必要があるので，ここでボットネットが活躍することになります．世界中に数千万台ものボットに感染したコンピュータが存在すると言われていますので，そのうちの 0.1% でも使われただけ

で，1台のサーバを麻痺させるには十分な台数になります．その台数から同時多発的に攻撃パケットが送られると，あっという間にサーバは機能不全に陥ります．

DoS，DDoS攻撃の攻撃元を特定するためには，**トレースバック**という技術を用いて，パケットの流れを追跡することが有効とされています．しかし，トレースバックに対応したルータ，スイッチがまだ普及していないことなどから，トレースバックができる環境は限られています．現段階での対策としては，攻撃元となっているボットネットを撲滅することが最優先課題となっています．

12.4.2 bruteforce攻撃

bruteforce攻撃とは，総当たり攻撃という意味で，パスワードのクラック，ログインできるユーザーの特定のために行われる攻撃です．

UNIXのパスワードでは**DES**（Data Encryption Standard）という56ビット鍵を用いた不可逆変換方式の暗号が使われています．暗号化されたものから元のパスワードを得ることができない不可逆変換ですので，元のパスワードから総当たりで暗号化されたものを生成し，一致したものをパスワードとして使うことになります．

DESの場合は，2000年頃にDES Challengeという暗号解読チャレンジがあり，その際に世界中のコンピュータ数百万台が参加して，たった22時間で解読できたという実績があります．現在ではコンピュータの性能も劇的に向上していますから，同規模のコンピュータ台数を用意すると数時間で解読できてしまう可能性もあります．

また，TELNETやSSHなどのサービスを提供している場合は，ログインできるユーザーを総当たりで試す攻撃も頻繁に受けると思われます．現在では，インターネット向けにTELNETをサービスしていることはほとんどないと考えられますので，SSHサービスに対する攻撃に注意する必要があります．総当たりでの攻撃を受けている場合は，ログファイルに大量の記録が残りますので，すぐに分かります．複数の送信元から攻撃を受けている場合も同様です．

どちらの攻撃にも共通しているのは，パスワードの管理の甘いコンピュー

タやユーザーが狙われる，ということです．まず，簡単なパスワードや使い
回しのパスワードを付けたユーザーを総当たり攻撃で発見していきます．侵
入に成功したあとは，管理者権限を何らかの方法で入手し，UNIX のパスワ
ードを格納しているファイルから暗号化されたパスワードが分かってしまう
ので，それを使って大規模な解読が可能になってしまいます．

　遠隔接続に用いられる SSH に対する攻撃の場合は，使用できるパスワード
の仕組みが甘いものが狙われます．最も強力なのは公開鍵暗号方式のみを使
用することですが，ユーザーが大量に存在するような組織では，全員に公開
鍵暗号方式の使用を強制することが現実的ではないことが少なからずありま
す．その場合はどうしても UNIX パスワード（Plain text）を用いることにな
ります．もしも，そのパスワードに簡単なものが採用されている場合には，
総当たり攻撃によってあっという間にパスワードを発見されてしまうことで
しょう．最近は，**辞書攻撃**も併せて行っていますので，パスワードの生成法
には十分注意が必要になります．辞書攻撃というのは，例えば英単語の辞書
を用意し，その辞書に載っている単語をパスワードとして使って，使えるパ
スワードを発見していく攻撃方法です．英単語の辞書は有名なものとして
『Webster 第 2 版』があり，UNIX 系の OS にはその見出しの単語が入ったフ
ァイルが用意されていることがあります．その数は約 23 万語におよびますが，
コンピュータにとって 23 万語の総当りは非常に簡単なことです．その辞書に
載っているような単語をパスワードとして使っていると，いとも簡単にその
アカウントが乗っ取られてしまうことになります．したがって，辞書に載っ
ている単語だけをパスワードとして利用するのは避けてください．

12.4.3 さまざまな脆弱性を利用した攻撃

　徐々に，コンピュータ，ネットワーク，ネットワーク機器，情報システム
の仕組みが複雑化し，もはや全体像を把握している人はほとんどいないので
はないかと思われます．そういう状況ですので，コンピュータ，ネットワー
ク機器，情報システムなどの上で稼働しているソフトウェアに含まれている
脆弱性も高度化しています．現在は分かっていない脆弱性も将来的に発見さ
れることも想定できます．

　また，近年は，脆弱性が発見されてから，それを利用する悪意あるプログラムや手順等が公表される間隔が非常に短いものも出てきています．脆弱性が発見されると同時に攻撃プログラムや手順が公表されてしまい，それを防ぐ時間がほとんどないものが実際にあります．そのような攻撃を**ゼロ・ディ攻撃**（Zero Day Attack）と呼んでいます．

　普段使っていないようなサービスでゼロ・ディ攻撃が発生した場合は，そのサービスを停止するだけでネットワーク上から利用されることはなくなりますが，Web サーバやブラウザに対するゼロ・ディ攻撃の場合は，普段からよく使っているものですので，利用停止にするとその影響は計り知れないものとなります．

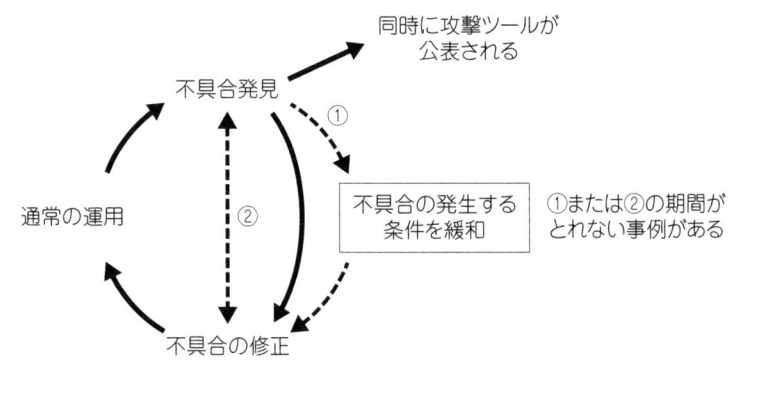

図 12.2　ゼロ・ディ攻撃の背景

12.5　ネットワークに「繋ぐ」ということ

　この節では，セキュリティ対策以前の問題として，ネットワークに繋いで利用する際に何に気をつけるべきか，という利用者の意識として持っておいてほしい事柄について解説します．

12.5.1　利用者のマナー

　コンピュータをネットワークに繋ぐことによって，コンピュータ単体ではできなかったことができるようになります．コンピュータにデータを保存し

なくても，インターネット上のストレージサービスを利用して，どのコンピュータからでもアクセスできるようになったり，手元のコンピュータには存在しないアプリケーションを，ネットワーク経由で利用できるようになったり，手元のコンピュータの性能が貧弱でも，ネットワークの先にあるコンピュータを使えば，数十倍の性能が手に入ったりします．

　ネットワークの先にあるコンピュータを利用できる，ということは，逆に，ネットワーク上から手元のコンピュータを利用できてしまうということにもなります．ネットワークの設定，コンピュータの設定を適切に管理しなければ，そういったこともできてしまいます．

　設定した覚えがなくても何かのイベントがトリガーとなって，コンピュータの設定が変わってしまう，ということも十分想定できます．現在はそういったことができないかもしれませんが，将来的に安全かというとそれを保証することはできません．前節で述べたように，今現在もブラウザの脆弱性，アプリケーションの脆弱性などが次々に発見されては，それに関する攻撃が発生しています．

　脆弱性も適切に処理していかなければ，自分だけではなく，ネットワークに繋がっている別の利用者にも影響を与えてしまうことになります．ネットワーク上の些細なことから影響を受けるのは自分だけではないということを念頭において，ネットワーク利用・活用をしてほしいと考えています．

　特に，ウイルス対策ソフトウェアの導入に関して第 7 章でも述べたように，ネットワークに繋がっている他のコンピュータや利用者に迷惑をかけない，影響を及ぼさないように，ネットワークを利用する最低限のマナーとしてウイルス対策ソフトウェアを導入し，それを定期的に更新していく手間をかけるべきです．コンピュータも利用しなければ安全というわけではなく，長い間使っていないコンピュータを使う際に，ウイルス対策ソフトウェアのバージョンが古いなどの理由で更新ができなかったり，契約切れになっていることに気がつかなかったりすることもあります．そうなってしまうと新しい脅威に対する対策はできないことになるので，定期的にコンピュータも利用すべきです．

12.5.2 携帯電話の利用上の心得

最後に，新しいタイプの情報処理機器と言ってよいほどに高機能になった携帯電話ですが，近年携帯電話を使った事件などが頻発しています．高機能な情報処理機器ですが，それを使うのはやはり人であるということを認識しておく必要はあります．第 15 章でも話題になりますが，現在の技術レベルでは利用者が面倒な対策を回避して，便利さを追求する反面，いろいろな事件性のものに巻き込まれる，もしくは事件を引き起こしていることは否定できません．

携帯電話の機能として，端末ロック機能，プライバシーロック機能，インターネット上の有害サイトのフィルタリング機能などがありますが，どれも利用時の不便さを感じさせる要因を含んでいるものです．端末ロック機能は時間が経つと自動的にロックがかかり，利用を再開する際にパスワードを入力する必要があります．

プライバシーロック機能も同様で，携帯電話内の個人情報にアクセスする際にパスワードを要求するようにもできますが，頻繁に使用するようなアドレス帳にまでかかってしまうと，この機能の使用を控えたくなると思われます．

インターネット上の有害サイトへの接続を許可したり拒否したりすることができるフィルタリング設定も，ほとんどの利用者が知っているにも関わらず，この機能を使用したことがないという統計も出ています．その第一の原因としては，接続できないサイトがあるのは不便と感じるからではないでしょうか．

また，携帯電話に限ったことではありませんが，インターネット上の掲示板等への書き込みが匿名で行うことができるというのは間違いです．インターネット上の掲示板等にアクセスする以上，そのアクセスログは必ず残ります．それを追跡すれば，書き込んだコンピュータや携帯電話（の持ち主や利用者）を特定することは可能になっています．決して匿名ではないことが周知されていれば，事件性のある書き込みをする人は確実に減ると思われます．

章末問題

1．侵入検知・防御システムでの検知結果の取り扱いについて，考察せよ．

2．利用しているコンピュータでのコネクション等の状態を調べよ．

第13章

ネットワーク・アプリケーション・プロトコル

13.1 レガシー・アプリケーション

　古いタイプのネットワーク・アプリケーションをレガシー・アプリケーションと呼びます. 古いといっても現在でも頻繁に使われているプロトコルで, 仕組みも非常に簡単ですので, そのプロトコルと実際に使用した際の情報のやりとりについて解説します. これらのアプリケーションでは, ユーザー名やパスワードなどの通信内容が保護されていないので, 現在ではプロトコルが拡張されていたり, 他のプロトコルを使ったりすることを推奨します. SMTP, POP3 についてはセキュリティ対応型のプロトコルに拡張されていますし, TELNET, FTP, RLOGIN については後で解説する SSH を使うことを推奨します.

　以下の節では, それぞれのプロトコルについて解説します.

13.1.1 電子メールの送信 : SMTP

　電子メールの送信および転送のためのプロトコルが **SMTP**（Simple Mail Transfer Protocol）です. SMTP では, プロトコルとして接続の待ち状態, 送信元の指示待ち, 宛先の指定待ち, メール本文の入力待ち, プロトコルの終了待ち, という各状態が存在します.

　それぞれの状態に対応したコマンドを入力していくことで, 次の状態に移り, また次のコマンドの入力待ちの状態になります.

　通常は電子メール専用のアプリケーション・ソフトウェアを用いるので, これらのコマンド等に触れることは滅多にないと思われます. 次に示す例は, UNIX 上で SMTP のプロトコルを手作業で実行したときのものです.

```
unix% telnet localhost smtp ⏎
Trying 127.0.0.1...
Connected to localhost.
Escape character is '^]'.
220 smtp.example.net ESMTP Sendmail;
Tue, 1 Jun 2021 12:00:00 +0900 (JST)
EHLO example.net ⏎
250-smtp.example.net Hello localhost [127.0.0.1],
pleased to meet you
250-ENHANCEDSTATUSCODES
250-EXPN
250-VERB
250-8BITMIME
250-SIZE
250-DSN
250-ONEX
250-ETRN
250-XUSR
250 HELP
MAIL From: anyone@example.net ⏎
250 2.1.0 anyone@example.net... Sender ok
RCPT To: foobar@example.net ⏎
250 2.1.5 foobar@example.net... Recipient ok
DATA ⏎
354 Enter mail, end with "." on a line by itself
メールの本文... ⏎ （1行ごとに入力する）
最終行の入力が完了したら，.（ドット）のみの行を入力する.
. ⏎
250 2.0.0 j2O2FYZ06622 Message accepted for delivery
QUIT ⏎
221 2.0.0 smtp.example.net closing connection
Connection closed by foreign host.
```

　下線部が実際に入力したもので，それ以外は SMTP サーバからの応答メッセージとなっています．電子メール専用のアプリケーションで送信ボタンを押すと直ちに送信されるように見えますが，その裏側ではこれらのコマンドを一瞬のうちに実行しています．

　また，SMTP が標準的に使用するポート番号は 25 番ですが，セキュリティ上の理由から組織を超えた 25 番ポートへの接続ができなくなっています．OP25B（Outbound Port 25 Blocking）と呼ばれている対策で，電子メールを使ったウイルスの伝搬を防ぐため，さらに迷惑メールの直接送信を防ぐために行われているものです．

　各組織から 25 番ポートを使って別の組織に接続できるのは，数少ないその組織のメールサーバのみに限定し，その他の端末等からの接続ができないよう，その組織のインターネットとの境界線でポートの利用制限をかけています．

　どうしても組織外の SMTP サーバを使用しなければならない場合は，送信専用のポート番号を使用し，かつ，利用者の認証が必要になるような措置が採られています．Submission Port という番号を使って行われており，ポート番号として 587 番が使われます．

　また，SMTP を実装したソフトウェアは Sendmail, qmail, Postfix などが有名ですが，これらを総称して，Mail Transfer Agent（MTA）と呼ばれています．

13.1.2　電子メールの受信 ： POP3, IMAP4

　SMTP は電子メールの送信・転送を賄っているプロトコルですので，受信については別のプロトコルが必要になります．電子メールの送受信が始まった当初は，電子メールのサーバに遠隔接続し，その場で電子メールの送受信を行っていました．

　しかし，これでは利用者が遠隔接続の手順，そして接続した先での電子メールの送受信のコマンドを覚える，または習う必要がありますので，利便性が悪くなります．

　そこで，電子メールサーバのメールデータにアクセスするためのプロトコルが必要になるのです．その代表的なプロトコルとして，Post Office Protocol version 3（**POP3**）や Internet Message Access Protocol version 4（**IMAP4**）があります.

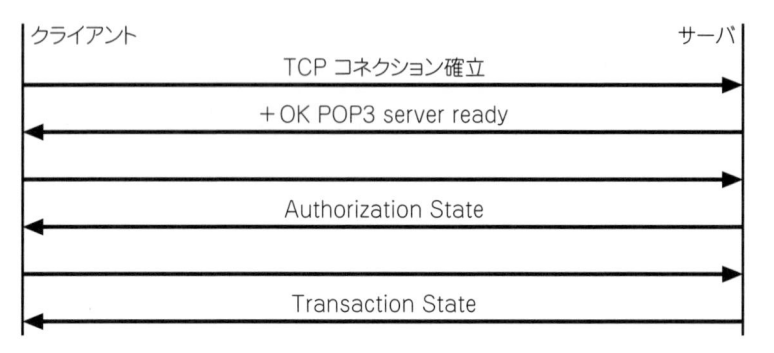

図 13.1 POP3 のプロトコル

13.1.3 遠隔接続：TELNET, RLOGIN

TELNET や RLOGIN は古くから存在するネットワーク・アプリケーション・プロトコルの 1 つで，手元のコンピュータ（の 1 つのアプリケーション）を遠隔にあるコンピュータに接続して，仮想的に遠隔のコンピュータの端末にする，というプロトコルです.

どちらも，接続時にユーザーID とパスワードを必要としますが，その入力の部分より以前の手順の中で，さまざまな情報をサーバに通知するようになっています. **図 13.2** に RLOGIN のプロトコルの遷移図を示します.

FTP は TELNET や RLOGIN はレガシー・アプリケーション・プロトコルの 1 つで，その通信内容は保護されることはありませんので，盗聴に非常に弱いプロトコルです. 組織内では使われているプロトコルですが，インターネットから安全に遠隔接続を利用できるように，異なるプロトコルが開発されています. それについては 13.2.2 項で解説します.

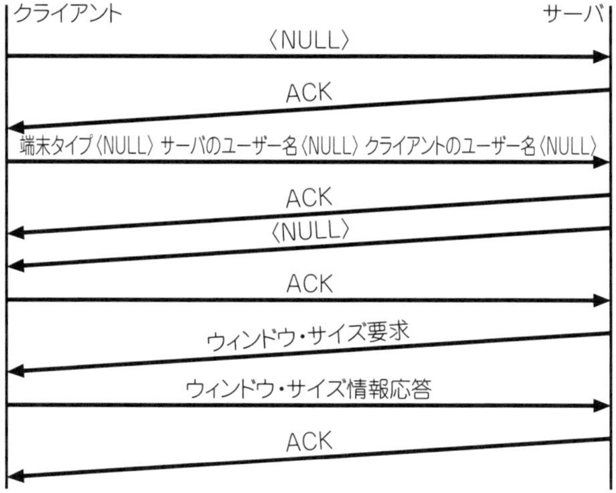

図 13.2　RLOGIN のプロトコル

13.1.4　ファイル転送 ： FTP

　コンピュータ間でのファイルを受け渡しするためのプロトコルです．FTP（File Transfer Protocol）は制御用とデータ転送用の 2 つのコネクションをもち，制御用のコネクションで FTP コマンドを実行し，その結果をデータ転送用のコネクションで受け取る，という動作をします．

　制御用のコネクションの確立は通常の TCP アプリケーションと同様に 3-way handshake で行いますが，データ転送用のコネクションを確立する方法は 2 種類あります．サーバ側からコネクションを確立するアクティブモードと，クライアント側から確立するパッシブモードです．

　現在のクライアントの環境を考えると，ブロードバンドルータを設置していることが多いので，アクティブモードではブロードバンドルータに阻まれてクライアントのコンピュータにサーバ側から直接接続することはできません．このような理由から，最近ではパッシブモードを利用することが多くなっています．

　FTP は，TELNET や RLOGIN と同様に，レガシー・アプリケーションの 1 つであり，制御用，データ転送用コネクションともに盗聴対策などはされていません．ユーザー名だけでなく，パスワードや転送されるデータが目で見える形式で確認できますので，インターネット上での重要なデータなどの転送の用途には向いていません．ただし，組織内での使用や契約しているプロバイダでの Web ページの転送などの用途では盗聴などの心配が少ないことから，まだまだ使われているアプリケーションです．ファイル転送についても安全に利用できるように新しいプロトコルが開発されていますので，TELNET，RLOGIN と同様，13.2.2 項で解説します．

13.2 現在のネットワーク・アプリケーション

13.2.1 HTTP (Hyper Text Transfer Protocol)

　第 5 章でも解説した **HTTP** ですが，近年最も利用頻度の高いネットワーク・アプリケーションの 1 つです．クライアント・サーバ型のネットワーク・アプリケーションの典型的なもので，さまざまなネットワーク・アプリケーションが HTTP を通じて利用できるようになり，現代のネットワーク・アプリケーションの基盤とも言えるプロトコルになりつつあります．

　理由としては，HTTP は比較的分かりやすいプロトコルであり，利用者にもネットワーク管理者にもやさしいプロトコルである，という点を挙げることができます．利用者はブラウザさえ使えれば，日々の作業に支障はなく，他のプロトコルはむしろ必要ない場合が多いですし，ネットワーク管理者としては，HTTP だけを通過させればよいので，日々の確認項目や管理すべきプロトコルを減らすことができるという利点があります．

　他のプロトコルはファイアウォールで制限をかけているけれども，HTTP は通過できるようにしている，という運用を行っている場合，ブラウザが使えるコンピュータであれば，組織の外側との通信を HTTP で行うことができます．さらに，HTTP だけは通過できる仕組みを応用して，HTTP の上に別のプロトコルを載せる，**トンネリング**という方法を採ることもできます．

　しかし，この方法ではその組織のポリシーに違反する恐れもあります．例

えば,「外部の組織との通信に用いてよいプロトコルは HTTP のみとする.」
という運用ポリシーがある場合です. この場合は, HTTP で通信しているに
も関わらず, HTTP の上に別のプロトコルが載っていると, HTTP のみで通
信していると言えないかもしれません.

13.2.2 SSH (Secure Shell)

遠隔接続プロトコルである TELNET や RLOGIN は, 認証情報も含めて保
護されていないということは 13.1.3 項のとおりです. TELNET に対しては,
SSL (Secure Socket Layer) を用いた SSL TELNET も存在しましたが, 一般に
普及するには至りませんでした.

別のプロトコルに, 遠隔ホストでコマンドを実行する RSH (Remote Shell)
というものがあり, これもレガシー・アプリケーションの 1 つで, 通信内容
は保護されていないものです. このプロトコルも含めて, 通信内容を保護す
る, つまり暗号化するようなプロトコルを開発するという目的で, SSH の開
発が始まりました.

SSH は元々製品版とフリーソフトウェア版があったのですが, フリーソフ
トウェア版は個人的な利用でのみ使用を許諾される, というものであったの
で, 一般的な組織の中で公に使うことはできませんでした.

そこで, OpenBSD のプロジェクトから, 完全に自由に利用してよい SSH
実装である, OpenSSH をリリースすることになりました. その後 OpenSSH
は, さまざまな UNIX ライクな OS に取り込まれるようになり, 現在では
TELNET などのレガシー・アプリケーションは無効になり, OpenSSH が標準
的な遠隔接続手段として採用されるようになっています.

SSH は RFC4251 で規定されたプロトコルとなっています. その 1 つの
UNIX 用の実装として OpenSSH があります. その他の OS では, Windows 用
の UTF-8 版 TeraTerm Pro, PuTTY, Macintosh は Kernel に BSD UNIX を用い
ており, 標準で OpenSSH を利用できます. UNIX ライクな OS でも, もちろ
ん OpenSSH を利用できますが, 導入作業が必要な OS もあります.

SSH のプロトコルですが, 最初の接続の部分はまだ暗号化されておらず,
クライアントとサーバの接続が確立され, SSH のバージョンの交換, 利用可

能な暗号アルゴリズムの交換が終わった後，共通鍵を双方で計算して暗号化セッションに入ります．この後は，通信内容が暗号化されており，通信内容はクライアントとサーバでしか分かりません．

　双方で共通鍵を持つために鍵交換アルゴリズムで計算することになります．このときにはまだ通信内容は暗号化されていないので，盗聴されてもよい情報を交換しながら共通鍵を計算することになります．

　SSH を使う場面としては，遠隔接続，ファイル転送，そしてトンネリング利用があります．遠隔接続とファイル転送は，それぞれ TELNET と FTP の代わりとなるものです．トンネリングは**フォワーディング**（forwarding）とも呼ばれ，SSH のコネクションプロトコルでその機能について触れられています．

13.2.3 Web アプリケーション

　現在の情報システム・アプリケーションの構築において，Web サーバ上でのアプリケーションとし，ブラウザを使ってユーザーインタフェースとするような事例が多くなってきています．このようなアプリケーションの場合，使用するプロトコルはアプリケーションに依存しない HTTP であり，ユーザーインタフェースはクライアント環境に依存しないブラウザです．HTTP プロトコルの場合，クライアントからのリクエストの発行によって駆動するので，TCP コネクションの確立後のパケットはクライアントからのパケットになります．

　しかし，Web アプリケーションの場合は，「〜 over HTTP」というプロトコルになるので，HTTP プロトコルに加えて Web アプリケーションのプロトコルが新しく出現することになります．

　近年では，CGI だけではなく，PHP，Python，Ruby などのスクリプト型の言語を使った Web アプリケーションが多数出てきており，また，Web サイトのデザインを統一し，コンテンツを管理できる CMS（Contents Management System）が利用されることが多くなっています．個人レベルでは WiKi などが，組織レベルでは XOOPS，Movable Type といった CMS が広く使われています．

さらに，JavaScript などのブラウザ上で動作するスクリプトを用いてブラウザ上でのユーザーインタフェースを用意し，Web サーバでのアプリケーション処理の他，Web サーバの裏側で待機しているデータベースとの連携により，アプリケーションのデータ管理を行っています．このような形態の Web アプリケーションを Ajax（Asynchronous JavaScript and XML）と呼んでいます．

これらのスクリプト言語を使った Web アプリケーションの場合，ブラウザのスクリプトエンジンを有効にしておかなければならないため，標的としてはスクリプト言語で書かれた Web ページになってきます．HTTPd などの Web サーバでファイル転送はサポートされていないので，FTP を使ってファイル転送を行う場合や WebDAV（Web Data Access and Versions）という仕組みを使ってファイル転送を行う場合もあります．

FTP サーバや WebDAV のバージョンによっては脆弱性を持っているものもあり，それらの脆弱性を使って不正に Web コンテンツを書き換えてしまうものもあります．その際に，悪意あるスクリプトを転送し，利用者のブラウザにそれらのスクリプトが送り込まれることになります．

Web サーバのコンテンツの完全性を保証することはもちろん，さまざまな脆弱性があるとそれを狙って悪意あるコンテンツを配置しようとしますので，Web サーバの安全性やファイルの格納場所の安全性を確保することが大事です．

13.3 クラウドコンピューティング

ネットワーク・アプリケーションの基盤となるプロトコルとして HTTP がよく用いられていますが，それがすべてではありません．他のプロトコルも併用しながら，さまざまなネットワーク・アプリケーションが利用できるようになっています．そして，軽量・小型のパーソナルコンピュータ，携帯電話，スマートフォンなどのモバイル機器の利用が急速に広まるにつれ，ネットワーク・アプリケーション志向がさらに強まる傾向にあります．

その理由の1つに，ネットワーク・アプリケーションをサポートするため

の基盤技術が整ってきたことが挙げられます．基盤技術を利用してネットワーク・アプリケーションを提供するユーザーは，アプリケーションと利用者の情報を格納するための設置場所を借りるだけでよくなり，インターネット上に自前でサーバ環境を構築する作業が必要なくなりました．その基盤技術として，クラウドコンピューティングというモデルが脚光を浴びています．

クラウドコンピューティングは，クラウド内でサービスを提供したい会社などが簡単な操作で利用開始・解除ができるようになっていて，サーバ，データベース，アプリケーション，サービスといった要素を，要求に応じて柔軟に増減させることが可能なコンピューティングモデルです．サービス需要が高まればサーバを増強したり，閑散期になれば減少させたり，といったことが可能になっており，手持ち資産としてサーバ等のハードウェアを保有する必要がないため，導入・運用コストを低く抑えることができるのも特徴の1つです．

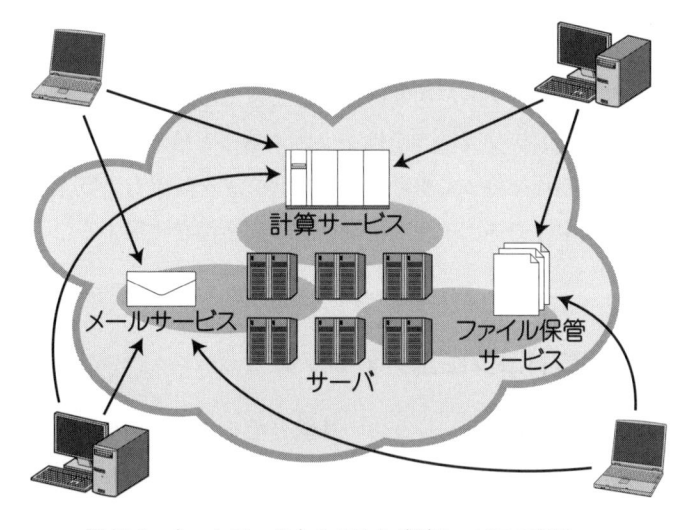

図 13.3　ネットワーク上のクラウド型サービスの利用

　一方，クラウド型のサービスを使用する利用者にとっても，欲しい機能のすべてを手持ちのモバイル機器等にインストールしなくても，インタフェー

スとなるソフトウェア等をインストールするだけですぐに使えるようになっています．クラウドコンピューティングは，いわば，モバイル機器等の小さな画面からインターネットという広大な空間（雲）のどこかにある情報やアプリケーションを使うようなイメージでとらえるとよいと思います．

13.3.1 クラウドの利用方法

クラウドの利用方法としては下記があります．

① どのような OS・コンピュータハードウェア上でも構わないので，特定のアプリケーション・ソフトウェアを利用するもの
② あるアプリケーション・ソフトウェアを導入するために必要となる OS 環境を利用するもの
③ OS・アプリケーション等を含めて，自由に管理・運用できるようにするために，仮想的なハードウェアを利用するもの

があります．

それぞれ，**SaaS**（Software as a Service，サーズ），**PaaS**（Platform as a Service，パース），**IaaS**（Infrastructure as a Service，アイアース）と呼ばれています（**図13.4**）．

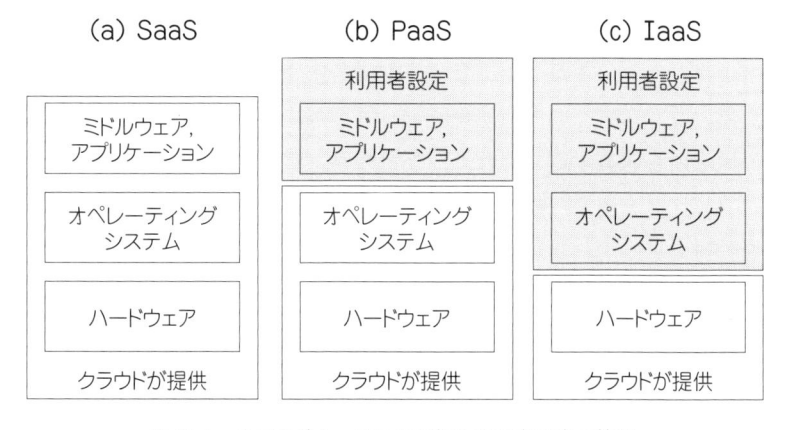

図 13.4　クラウドサービスの種類と利用者設定の範囲

　特定のアプリケーションについては，クラウド以前から ASP（Application Service Provider）方式というアプリケーションの機能を提供する事業形態があり，まさにサーバを所有することなく，サービスを提供することができていました．クラウドでは，特定のアプリケーションの他に，任意のアプリケーションや OS を導入して運用できる環境を提供することができ，しかも特定のハードウェアに依存しない自由度も兼ね備えています．

　クラウド環境内には，クラウド全体の利用効率を向上させるために，複数の利用者向けの SaaS，PaaS，IaaS の環境が入り交じることになります．利用効率が向上するだけでなく，多くの利用者が同じ環境を利用することで，その運用コストも抑えることができます．そのコストが利用者の利用料金に反映されることになるので，利用者はますます利用しやすくなる傾向にあります．

13.3.2　クラウドを構成する技術

　前項で説明した SaaS，PaaS，IaaS を，複数の利用者に安定的に継続して提供するためには，障害に強いクラウド環境を運営したり，クラウドを自由に構成したりできるソフトウェア技術とそれを支えるハードウェア技術の両方が必要になります．

　ソフトウェア技術としては，グリッドやクラスター技術があります．グリッドは，多くのコンピュータの性能を結合して 1 つの高性能なコンピュータとして提供したり，複数のコンピュータで分散処理することにより，負荷の集中を避けながら多くの計算処理を行うことができたり，多数のコンピュータの設置場所を意識することなく，任意のコンピュータで作業できるようなインタフェースを備えた技術の総称です．クラスターは，複数台のコンピュータを設置して，それら全体で 1 つのシステムを構成し，いずれかのコンピュータが利用できなくなっても他のコンピュータでシステムの機能を維持できる技術です．これらの要素技術は最近になって新たに開発されたものではなく，以前から使われ続けて機能の向上を図ってきた技術の集まりです．

　さらに，余剰な能力となっているハードウェアの性能を余すことなく利用するため，また，多くのコンピュータ資産を保有することなく多くのサービ

スを展開するために，ハードウェアを仮想化して複数のハードウェアに見せる技術が開発されています．以前は，大型汎用計算機などでしか対応できなかった技術ですが，最近では市販されているコンピュータでも利用できるようになってきており，仮想的なハードウェアを提供するためのソフトウェアも開発されています．このソフトウェアを利用することにより，物理的に 1 台のコンピュータハードウェアを複数のコンピュータとして提供できるため，それぞれの仮想的なコンピュータの休止時間や待機時間を利用して，ハードウェア性能の利用効率を向上させることができるようになっています．

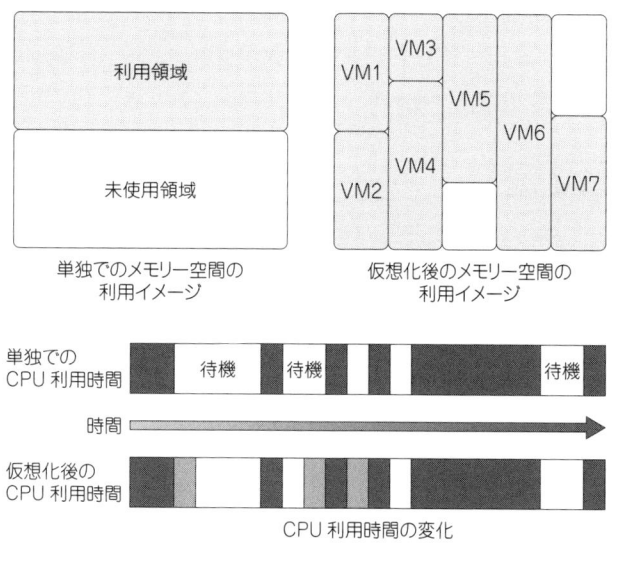

図 13.5　仮想化によるハードウェア利用の効率化

　IaaS のように，仮想的なハードウェアを構築して提供するためには，仮想化ソフトウェアだけでなく，ハードウェアの支援機能も必要とされています．通常は 1 台のコンピュータであるものを，仮想化機能によって複数のハードウェアとして提供するのですが，その際に OS 側に若干の修正が必要になっていました．その仮想ハードウェアの利用者が修正できる OS とできない OS があったため，ハードウェアの仮想化機能を利用できるのは一部の利用者に

限られていました．そういった状況を改善するために，最近では，コンピュータのハードウェアが仮想化機能を支援できるようになっており，サーバタイプのコンピュータだけでなく，一般に市販されているコンピュータのなかにも，ハードウェア支援機能を持っているものもあります．

13. 3. 3 クラウド型サービス

クラウド環境を利用した具体的なサービスとしては，インターネット上にファイルを格納できる場所を提供する各種ストレージサービスが代表的なものとなります．無料で利用できるもの，有料のもの，専用のアプリケーションプログラムが必要なもの，ブラウザを利用するもの，使用可能容量の大小など，さまざまなストレージサービスが提供されており，利用者はインターネットが利用できる場所であれば，自由にファイルのやりとりを行うことができます．

ストレージサービスだけでなく，一般に高価なソフトウェアであるとされるデータベースも，クラウド型のサービスを利用することにより，低価格で小規模のものから始めて，必要に応じて規模を大きくしていくことも可能になっています．

他にも，ソーシャル・ネットワーキング・サービス（SNS）でもクラウド環境を利用することにより，利用頻度に応じて使用するサーバ等を随時増強して，サービスレベルの維持を図ることができます．

この節のはじめでも述べたように，ソフトウェアを利用する場面がコンピュータだけでなく，モバイル機器での需要も増えていることから，コンピュータ等に導入されているソフトウェアと，モバイル機器向けのクラウド型サービスを連携させるようなサービスも増えています．つまり，パーソナルコンピュータで作成していたファイルの編集がモバイル機器でもできるようになっている，ということです．インターネットという公共のネットワーク上で提供されているサービスを利用することになりますので，格納されている情報の安全性やサービスの確かさなど，セキュリティ面での課題はありますが，クラウドコンピューティングはコンピュータネットワークを利用する重要な要素であると考えられます．

章末問題

1. いくつかのレガシー・アプリケーションについての問題点を調べよ.

2. 多くのネットワーク・アプリケーションで Web アプリケーションが採用されるようになった理由について考察せよ.

3. クラウド環境内に複数の利用者向けの SaaS, PaaS, IaaS が存在することによって, どのような問題が発生するか, 考察しなさい.

第14章

ネットワーク・プログラミング

　この章では，ネットワークを活用したプログラムを作成するための基本的な事項，特にソケットプログラミングについて解説します．

14.1　ソケットプログラミング

　TCP/IP アプリケーションのプログラミングを行う際に用いられるプログラミングモデルは**ソケットプログラミング**（socket programming）です．トランスポート層プロトコルの TCP と UDP を用いて通信を行うためのインタフェースが**ソケット**（socket）として抽象化されており，プログラム上ではファイルとの情報のやり取り（書き込み，読み取り）のように扱うことができます．

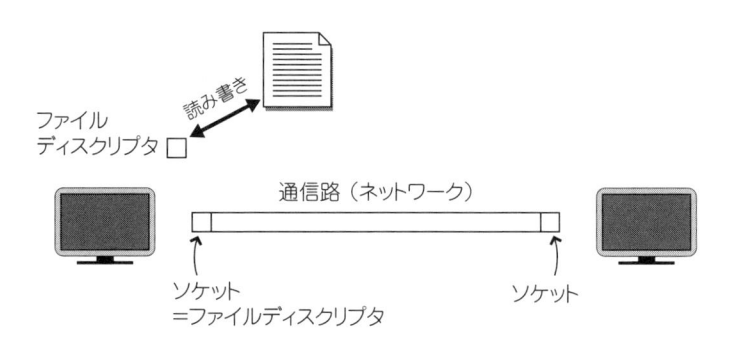

図 14.1　ソケットとファイルディスクリプタ

　インタフェースとして関数という形式で利用できるようになっており，特にネットワーク関係の関数については OS のカーネルと密接な関係があるこ

とから，**システムコール**（system call）と呼ばれています．

　以下の項では，システムコールの概略について説明し，続いてプログラム
の実際について解説します．プログラミング言語は C 言語を用いています．
各種 UNIX，BSD 系 UNIX 互換 OS，各種 Linux ディストリビューションでコ
ンパイル，実行できるように配慮していますので，実行環境として困ること
はないと思います．

14.1.1 socket() システムコール

　最初に使う必要があるものは **socket() システムコール**です．socket() を用
いてインタフェースの要となる**ファイルディスクリプタ**（file descriptor）を
作成します．**ファイル**という名前が示しているとおり，ソケットインタフェ
ースはファイルのように扱うことができます．

　socket() の使い方は次のようになります．

```
soc = socket(protocol_family, socket_type, socket_proto);
```

　socket() は 3 つの引数をとります．protocol_family はソケット通信
をするプロトコルの種類を示します．いくつかのプロトコルファミリーの名
前を指定することができ，IPv4 であれば PF_INET，IPv6 では PF_INET6，
UNIX ドメインソケットでは PF_UNIX になります．socket_type はどの
タイプのソケットを用いるかを指定します．現在のところ，SOCK_STREAM
と SOCK_DGRAM のソケットが利用可能です．3 つ目の socket_proto には
socket_type に対応した値を設定しますが，0 を指定することで自動的に
適切なプロトコルが選択されます．

　また，socket() は 1 つの返り値（int 型）がありますので，それを soc
変数で受け取ります．

14.1.2 bind() システムコール

　ソケットを作成したら，次にアドレス情報を割り付けます．そのためのシ
ステムコールが bind() です．bind() には 3 つの引数が必要で，1 つ目が

socket()で作成したソケット，2つ目はsockaddr_in構造体のアドレス，3つ目がその構造体の大きさです．返り値は整数型で，0であれば割り付け成功，それ以外であれば何かエラーが発生しており，ヘッダーファイルerrno.h内に定義されているerrnoグローバル変数にエラー内容が格納されます．

sockaddr_in構造体は，次のような形式になっています．

```
struct sockaddr_in {
    sa_family_t    sin_family;
    in_port_t      sin_port;
    struct in_addr sin_addr;
    unsigned char  sin_zero[8];
};
```

sin_familyにはプロトコルファミリーを格納します．プロトコルファミリーはsocket()システムコールで説明したものと同じです．

sin_portにはポート番号を格納します．ポート番号は0〜65535までの16ビットで表現できる数値ですが，インターネット上にはさまざまなコンピュータが存在しており，その内部のデータ表現型は異なると考えておかなければなりません．

そこで，コンピュータの内部表現方法（**ホストバイトオーダー**（host byteorder））に関わらず，ネットワーク上で通信するデータの表現（**ネットワークバイトオーダー**（network byteorder））を統一するため，ネットワーク上のデータ表現方法に変換する関数を使用して格納します．その際に使われるのがhtons()関数です．この関数は，short型のデータについてホストバイトオーダー（h）からネットワークバイトオーダー（n）へ変換する（to）ということになります．

最後に，in_addr構造体の変数，sin_addrにIPアドレスを格納します．いずれのインタフェースに付いているIPアドレスでよければINADDR_ANY（値では0xFFFFFFFF）を指定します．特定のIPアドレスの場合は，その

IP アドレスをネットワークバイトオーダーに変換したものを指定します．この場合 4 バイト長の整数（long）なので，htonl() 関数を使用します．

14.1.3 listen() システムコール

IP アドレス，ポートの割り付けができたソケットでの待ち行列の大きさを指定します．listen() という名前からこの時点で接続要求を受け付けできそうですが，実際にはそうではなく，次の accept() によって接続要求を受け付けします．

listen() は，2 つの引数を持ち，それはソケットの識別子と待ち行列の長さです．このシステムコールの返り値は整数値で，失敗すれば EOF が返ります．成功であれば 0 です．

14.1.4 accept() システムコール

listen() によって待ち行列を設定すると，accept() ではその待ち行列の中から先頭を取り出して，ソケットのコピーを作成します．元のソケットをそのまま使うこともできますが，そのソケットを使ってしまうとその後の接続要求を受け付けることができなくなりますので，accept() が作成するソケットのコピーを使ってその後の処理を行います．

14.1.5 send(), sendto() システムコール

send() は SOCK_STREAM 型のトランスポート層プロトコル用，sendto() は SOCK_DGRAM 型のトランスポート層プロトコル用の送信用システムコールです．

send() は 4 つの引数を持ち，1 つ目がソケット，2 つ目が送信するデータのアドレス，3 つ目がその長さ（配列ならば要素数），最後が 0 です．

14.1.6 recv(), recvfrom() システムコール

recv() は SOCK_STREAM 型のトランスポート層プロトコル用，recvfrom() は SOCK_DGRAM 型のトランスポート層プロトコル用の受信用システムコールです．

recv() は 4 つの引数を持ち，順に，ソケット，受信するための変数（文

字列型），受信できる最大の大きさ（配列の要素数），最後が 0 です．

14.1.7 shutdown() システムコール

コネクション型の通信となる TCP では，通信を終わる際にサーバもしくはクライアントがコネクションを切断します．サーバで用いられるのが shutdown() システムコールです．

shutdown() の引数は 1 つで，ソケットだけになります．このシステムコールを呼び出したあと，通常のファイルと同様にソケットを閉じて（close()），ソケットを格納していたメモリーも開放します．

shutdown() を呼び出した後，それ以降のソケット通信ができなくなりますので，コネクションの切断が正常に行われたかどうかを確認する方法はなくなります．クライアントから切断する際も同様で，クライアントが切断したかどうかはサーバには分かりません．

いずれの場合も，通信がなくなって一定の時間が経過すれば，**時間切れ**（time-out）と判断して，他方でコネクションを切断します．

14.2 サーバ側のプログラム例

サーバ側では，前述の socket()，bind()，listen()，accept() を使ってクライアントからの接続待ち・接続処理を行う部分を作り込み，recv() や send() によってデータの受信・送信を行います．

次ページのプログラムリスト 14.1 の 8 行目の enum ブロックでは定数の定義を行っています．IPPORT_NO に 50051，RETRY_MAX に 20 を代入し，プログラム本体でこれらのシンボルを使っています．#define マクロでの定数定義もできますが，コンパイル時にマクロの実体に置き換わってしまい，シンボル情報が失われてしまいますので，デバッグ時にシンボルでの検索はできません．そのため，シンボル情報の残る enum による定義を使っています．

また，IPPORT_NUM に代入しているポート番号 50051 ですが，8.4.1 項で解説した範囲での利用が推奨されています．49152 以上の番号を使っていて 25〜33 行目の間の bind() でエラーが出てしまう場合には，他のプロセス

がその番号を使っている可能性があります. その場合は, 別の番号に設定し, コンパイルし直してください.

プログラムリスト 14.1：サーバ側のプログラム

```
1   #include <stdio.h>
2   #include <string.h>
3   #include <sys/types.h>
4   #include <sys/socket.h>
5   #include <netinet/in.h>
6   #include <errno.h>
7
8   enum {IPPORT_NO=50051, RETRY_MAX=20,};
9
10   void err(char *);
11
12   int main(int argc, char *argv[])
13   {
14       int         so, so2, len, i;
15       struct sockaddr_in saddr;
16       char        buf[1024];
17
18       if ((so=socket(PF_INET, SOCK_STREAM, 0))==EOF)
19           err("opening stream socket.");
20       memset((char *)&saddr, 0, sizeof(saddr));
21       saddr.sin_family=PF_INET;
22       saddr.sin_port=htons(IPPORT_NO);
23       saddr.sin_addr.s_addr=INADDR_ANY;
24       i=RETRY_MAX;
25       while(--i)
26       {
27           if (bind(so, (struct sockaddr *)&saddr, sizeof(saddr))==0)
28               break;
29           if (errno!=EADDRINUSE)
```

```
30          err("binding stream socket.");
31      }
32      if (i==0)
33          err("retry count over!");
34      if (listen(so, 5)==EOF)
35          err("listen() system call");
36      if ((so2=accept(so, NULL, NULL))==EOF)
37          err("accept() system call");
38      close(so);
39      printf("ACCEPT OK!¥n");
40      while(1)
41      {
42          memset(buf, 0, sizeof(buf));
43          if ((len=recv(so2, buf, sizeof(buf), 0))==0)
44              break;
45          buf[len-1]='¥0';
46          printf("RECEIVE SIZE=[%d], DATA=[%s]¥n", len, buf);
47          buf[len-1]='¥n';
48          len=send(so2, buf, len, 0);
49      }
50      shutdown(so2, 2);
51      close(so2);
52  }
53
54  void err(char *message)
55  {
56      fprintf(stderr, "error: %s¥n", message);
57      exit(1);
58  }
```

18行目では，ソケットを作成しています．何らかの理由でソケットを開くことができなかった場合は，EOF（=-1）という値が戻ってきますので，その時点で終了しています．

　ソケットを開いた後は，そのソケットに IP アドレスとポート番号を割り付け（bind()）ます．bind() で使うデータとして，struct sockaddr_in 型の変数 saddr に必要なデータを代入していきます．しかし，これは構造体であり，データを初期化してから代入する必要があります．それは，変数を宣言しただけではその中のデータがクリアされているとは限らず，場合によっては，別のプロセスが使っていたデータがそのまま残っている場合もあります．そうとは知らずにそのデータを使ってエラーが出る，ということもありますので，構造体変数を使う前にきちんとクリアする方法を修得しておきましょう．20〜23 行目で，構造体変数の中身をクリア（0 で埋め尽くす）し，必要なデータを代入しています．20 行目の memset() 関数で構造体変数 saddr のアドレスにある領域を sizeof(saddr) の大きさだけ 0 で埋め尽くしています．その後 21〜23 行目でデータを代入しています．

　33 行目までで bind() が成功すると，次の listen()，accept() と進んでいきます．accept() によって接続待ちのコネクションを 1 つ取り出して，新しいソケットを開いています．これ以降は新しいソケットでの処理になります．

14.3　クライアント側のプログラム

　サーバ側では，待受をするための手続きが必要ですので，幾つかのシステムコールを使っていますが，クライアント側では，ソケットを開く，サーバに接続する，データの送受信を行う，という処理になります．

　プログラムリスト 14.2 の 20〜21 行目で，このプログラムに引数が与えられて実行されているかどうかを確かめています．引数が 1 つ以上ある場合は argc が 1 以上になりますので，ここでは 1 になっていることで判定しています．22〜24 行目でサーバと同じように saddr 変数の中身を 0 でクリアして，プロトコルファミリーとポート番号を代入しています．

　25 行目から引数の 1 番目 argv[0] に指定されているサーバ名等を処理して，hostent 構造体に格納したり，IP アドレスに変換したり，どちらかが成功することを期待しています．32 行目でソケットを開き，34 行目で

connect()により 3way-handshake を実行しています.

　38 行目からクライアントで受け取った文字列をサーバに送信し, サーバからのデータの到着を待ちます. 48 行目で受け取ったデータの情報を表示して, 無限ループを繰り返します. 終了条件はクライアント側で入力したものが 0 バイトである, ということですが, クライアントの端末上から入力すると改行までが入りますので, 0 バイトにはなりません. 終了する際は, クライアント側のプログラムを CTRL-C によって中止してください.

プログラムリスト 14.2 : クライアント側のプログラム

```
1    #include <stdio.h>
2    #include <string.h>
3    #include <errno.h>
4    #include <sys/types.h>
5    #include <sys/socket.h>
6    #include <netinet/in.h>
7    #include <netdb.h>
8
9    enum {IPPORT_NO=50051;}
10
11    void err(char *);
12
13    int main(int argc, char *argv[])
14    {
15        int so,len;
16        struct sockaddr_in  saddr;
17        struct hostent      *hp;
18        char                buf[1024];
19
20        if (argc==1)
21            err("Usage: csocket hostname");
22        bzero((char *)&saddr,sizeof(saddr));
23        saddr.sin_family=PF_INET;
24        saddr.sin_port=htons(IPPORT_NO);
25        if (hp=gethostbyname(argv[1]))
26            saddr.sin_addr.s_addr = *(unsigned long *)hp->h_addr;
27        else if ((saddr.sin_addr.s_addr = inet_addr(argv[1]))==EOF){
```

```
28          fprintf(stderr,"can't get addr for %s¥n",argv[1]);
29          exit(EOF);
30      }
31
32      if ((so=socket(PF_INET,SOCK_STREAM,0))==EOF)
33          err("Opening stream socket");
34      if (connect(so,(struct sockaddr *)&saddr,sizeof(saddr))==EOF)
35          err("connecting stream socket");
36      len = 1;
37      printf("CONNECT OK!¥n");
38      while(1){
39          printf("INPUT SEND DATA ? ");
40          bzero(buf,sizeof(buf));
41        gets(buf);
42        if ((len = strlen(buf))==0)
43            break;
44        if ((len = send(so,buf,len,0))==EOF)
45            err("send");
46        if ((len = recv(so,buf,len,0))==EOF)
47            err("recv");
48          printf("RECEIVE SIZE=[%d] DATA=[%s]¥n",len,buf);
49      }
50    shutdown(so,2);
51    close(so);
52  }
53
54  void err(char *err_mes)
55  {
56      fprintf(stderr,"ERROR ! %s: ",err_mes);
57      fprintf(stderr," NUMBER=[%d] ",errno);
58      fprintf(stderr, " %s", strerror(errno));
59      fprintf(stderr,"¥n");
60      exit(EOF);
61  }
```

14.4 プログラムのコンパイル方法

　Solaris, Linux, *BSD 等で実行することになると思われますが, 最後に, それぞれの OS 環境でのコンパイル方法について解説します.

　Linux や *BSD 等でのコンパイルでは, 特に必要なものはありません.

```
% cc sserver.c -o sserver
```

　Solaris の場合, ソケット関係のライブラリが別になっていますので, それらをリンクする必要があります.

```
% cc sserver.c -o sserver -lnsl -lsocket
```

　コンパイル作業が完了したあとは, サーバとクライアントを実行するだけです. クライアントを実行する際に, サーバの名前もしくは IP アドレスが必要ですので, クライアントを実行する前に通信可能なサーバの名前または IP アドレスを調べておきましょう.

サーバの実行例

% 　./sserver 　[リターン]

クライアントの実行例

% 　./client 　　IP アドレスまたはホスト名 [リターン]

章末問題

1．Linux 等を準備して，サーバおよびクライアントプログラムをコンパイルして実行せよ．

2．不適切なポート番号を使用した場合，サーバ側とクライアント側双方でどのような結果になるか，確かめよ．

第**15**章

セキュリティ教育

コンピュータやネットワークのセキュリティについて，技術的な側面で対策を講じても，それらを使う人の意識がそれらの真の意味を知らずにいるままではその効果は表れません．

セキュリティ対策の真の意味とは，単に情報漏洩を防ぐことだけではありません．もちろんそれも重要ですが，コンピュータやネットワークが，人の経済活動や社会活動に役に立つようにするために，その能力を最大限に発揮させることにあります．

セキュリティが邪魔なものとして意識されると，効果どころか情報漏洩までも引き起こしてしまう可能生もあります．これまでの情報セキュリティ対策のポイントとして，機密性，完全性，可用性を重視してきました．これらの性質では技術的な対策という側面が多かったのです．しかし，さまざまな情報セキュリティ事件，事故が後を絶たず，技術的な側面だけでは十分ではないことが分かってきました．

そこで，責任追及性，真正性，信頼性の3つの重要視するポイントが追加され，技術的ではなく，人の行動に関する側面についても考慮するようになってきています．

15.1 機密性に関する側面

機密性は，その情報が権限のない人・モノによるアクセスから保護されていること，という性質ですが，技術的には，人目につかない場所に保管する，容易にアクセスできない状態にする，アクセスを制限する権限を設け，厳格に管理する，などの対策を行うことができます．

  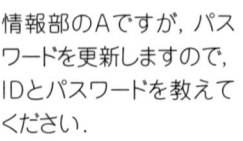 

運用ルール
1. パスワードは暗号化して保存する
2. パスワードを他の人に教えない
3. 複数の機器やサービスで同じID・パスワードを使い回さない

現実
情報部のAですが, パスワードを更新しますので, IDとパスワードを教えてください.

はい, …と …です.

図 15.1　人によるルール違反

　しかし，人の行動は必ずしも技術的な対策どおりになるとは限りません. 別の動機によって容易にその「壁」を乗り越えてしまいます. 基本的にはその部署の所属員を信用する，というモデルが最もよく用いられていますが，このモデルの問題点は，「人を信用する」という曖昧な基準に基づいていることです.

　そのシステムに関して絶対的な権限を持った人物であれば，いつでもシステムの運用方法を外れた操作ができてしまいます. 少数の特定の人物に権限を与える，という運用方法は間違ってはいませんが，その少数の人物が不在の場合に何もできなくなってしまう，などの理由から，運用ルールを曲げて別の人物に強力すぎる権限を与えてしまっている場合もあります.

　これは，運用ルールを遵守していない，ということも問題ですが，技術的な対策の及ぶ範囲外で意図的にルール違反を犯しているということです. システムを知り尽くした人物による事故はシステムでは防ぐことはできません. そのシステムを知り尽くしているので，運用ルールを外れた利用方法も知っている可能性があり，その利用方法によって簡単に「壁」を超えることができます. 特に，人の行動管理に関する不備が考えられるのですが，それはシステム側でできることは限られており，現時点ではシステム側で実現することが困難なものの 1 つです.

　こういった不正を防ぐには，曖昧な基準から厳格な基準へ移行することが必要です. そして，インシデント発生後の任意の時点で，システムの利用履

歴を詳しく精査できる体制やシステム上の仕組みを用意しておくことです．具体的な例としては，さらに別の人物による最終的なチェックが必要になるように手続きを変更すること，そして，セルフチェックなどの手法によって，任意の時点での利用履歴を精査すること，などがあります．ルールを明確にして，誰がいつどのような作業を行ったかを確認する，責任追及性（Accountability）を保証するためでもあります．

　しかし，それでもまだ，最終チェックの段階での不正を防ぐことができないという不十分な点は存在します．現時点では，事後のチェックを厳しくすることにより，また，ルール違反の罰則も強化することによって，不正を行って得られる利益以上の不利益を被るようなペナルティを課す必要があると考えられます．

15.2 完全性に関する側面

　情報が正しい状態で格納されており，また，システム上での変更が正しく行われることを保証する性質が**完全性**です．逆にいうと，間違った情報を格納したり，間違った変更が実施されたりしないように，システム上の対策を行う必要がある，ということにもなります．

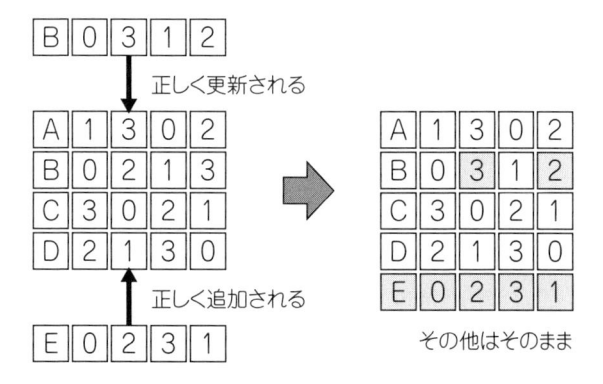

図 15.2　完全性の保証

　データをシステムに登録する際に間違ってしまっては，その後の処理で間違ったままの情報を扱うことになりますので，その時点での間違いは避けなければなりません.

　また，システムからデータを削除する際に，いきなりデータが失われてしまうと，過去の履歴を追跡しようとしてもできなくなってしまいますし，そのようなシステムになっていると，不正を行う人物によりデータの削除も簡単に行うことができてしまいます.

　完全性を極めていくことで，責任追及性や信頼性も保証できるようになりますし，次の可用性にも貢献できると考えられます.

15.3　可用性に関する側面

　格納している情報に，いつでもどこからでも利用できるようにする，また，その状態を維持することを保証する性質が**可用性**です. 身近な事例では，最近は大容量ハードディスクが安価に入手できるようになっていますが，その中に格納されているデータは壊れても復元できるようなものばかりでしょうか？　結論は，そういうものばかりではありません.

　ハードウェアが故障すると中に入っていたデータにアクセスすることすらできなくなります. また，入っていたデータの中のあるファイルを誤って削除してしまった場合にも，そのファイルにアクセスできなくなってしまいます.

　そういった事故が発生した場合に，元通りに復旧させるための準備をしているでしょうか. 事故が起きてから対応していては，手順を間違ったり，さらに悪いことに他のデータまで削除してしまったり，ということが起きてしまうかもしれません.

　「削除されたファイルを元通りにする」というだけでも，手法やソフトウェアはいくつもあります. ファイルの配置場所によっては，できることとできないこともあります. そして，失われたものが個人のファイルであれば，それを作成した人の責任でもありますが，システムのファイルやデータベースが丸ごと失われるようなことがあると，それは業務などに即影響が及びます.

　そのような事故に対してあらかじめ訓練を行って有事に備えておかなければ，事故が起きたその場で対応することはほとんど困難です．分刻み，秒刻みで状態が変わっていくような情報システムの復旧に何時間もかかってしまうというのは，望ましい状況ではありません．可用性に限りませんが，あらかじめ復旧にどの程度の時間がかかる見込みで，何を行う必要があるのか，停止時間などの見積もりを含んだ計画を練っておく必要もあります．

　そして，事故が起こった背景を分析し，恒久的にその事故が起こらないようにするための根本的な対策を提示することも必要です．

15.4 ネットワーク利用上の脅威

　実社会では，さまざまな詐欺事件が起きています．今や，かなり古い手法になってしまいましたが，オレオレ詐欺や振り込め詐欺，還付金詐欺など，総称して特殊詐欺と呼ばれていますが，現在でも事件として報道されています．

　これらの特殊詐欺では，親族などと偽って電話口で金銭を無心する手口ですが，最近でこそ銀行窓口や自動預払機でのチェック，その他の啓蒙活動によって水際での対策ができていますが，直接自宅等に仲介役を送り込んでその人に現金等を渡してしまう，という手口も広まっているようです．還付金詐欺についても，税務関係業務についての無知を突いて，手数料という名目で振り込ませるという事件も起きています．

　これらの詐欺事件では，本来は正しくない情報を正しいと思わせる状況を作ったり，システムの詳細を知らないことを悪用してそれに関係すると思わせて，振り込ませたり手渡させたりしています．しかし，その情報が正しいかどうか，その状況があり得るのかどうか，その手続きが正しいものかどうか，確認すれば防ぐことができたものがほとんどだと思われます．

　ネットワークを利用する場面においても，利用者が騙されることはかなり存在しています．騙されるという点では実社会での詐欺事件と根本的な原因は同じです．

　フィッシングは，正規の Web サイトのふりをしている Web ページからア

カウント情報（ユーザー名，パスワードなど）を盗まれるものですが，これ
も騙されている例の１つです．正規の Web サイトと一見すると見間違うよう
な作りをしていて，正しいユーザー名とパスワードの組み合わせを入力して
も，エラーになるように仕込まれているようなものです．正しいユーザー名
とパスワードが分かれば，正規の Web サイトにログインしてそこで自由に
操作ができますので，オンラインショッピング，ネットバンキングなどの金
銭が絡むようなサイトでは大変なことになりかねません．

　フィッシングについても，注意深く見て確認することで偽の Web サイト
であることは分かるのですが，通常の手順でログインしようとするとエラー
になってしまいます．その時点で分かれば，すぐに正規の Web サイトでパス
ワードの変更手続きをとれば間に合いますが，気づかなければ不正アクセス
の被害者になってしまいます．

　また，オンラインショッピングやネットバンキングの Web サイトにはサ
ーバ証明書という，Web サイトが正しく存在しているという「お墨付き」が
付いています．この証明書は，暗号技術を使ったもので，その Web サイトし
か知り得ない情報を用いてサーバの証明書を作っており，それに裏書きをし
てもらうことでそのサーバ名でWebサイトを開設していることを証明するも
のです．

　高度なフィッシング詐欺では，この証明書を偽造し，あたかも正規のサー
バであるかのように振る舞います．利用者には正規のサーバであると見えて
いるのですが，実はブラウザの証明書の部分が小さなウィンドウで隠されて
いて，あたかも正しい証明書が使われているように見えてしまったりします．
このサーバに接続する際に，証明書の確認ができなかったり，正しい証明書
ではない，というような警告メッセージが表示されたりするはずなのですが，
何も考慮せずに【OK】ボタンなどをクリックして次へ進めてしまうと，それ
以降警告メッセージが表示されません．

　以上のような実態があり，Web サイトを利用する際にはさまざまな注意点
があることが分かります．今後も，さまざまな脅威が Web 利用の場面に現れ
ることは容易に想像できます．そのような場面でどのような対応をとること

ができるか，それは技術的にも進歩することはもちろん，それを利用者が理解することも重要です.

章末問題

1. ネットワーク上の匿名性について考察せよ.

2. 普段使用しているコンピュータを利用する際に起こりうる事故等についての対策を考えよ.

章末問題解答例・解答方針例

[第1章]

1. 検索エンジン，オンラインショッピング，各種ポータルサイトなど，インターネット上に展開されているサービスがどのような提供方法になるか，検討すること．
2. Netware, AppleTalk については本文中で述べているので，その他の通信プロトコルについて調査すること．
3. Bluetooth や赤外線，NFC 等の近距離向けの通信手段を使った方式・規格について調査する．

[第2章]

1. ホストコンピュータとオープンシステムの並行運用時の問題点，ホストコンピュータとオープンシステムの能力差に基づく問題点などについてまとめる．
2. JVN などのデータベースを検索して，脆弱性とその対策等について調査すること．
3. Windows, macOS, UNIX 等の OS を動かすことができるハードウェアでネットブートをサポートしているので，その仕組み（何種類か存在する）とその利点を調査する．

[第3章]

1. SINET のサイトを調べて，その目的，提供サービス等についてまとめること．
2. 参考文献等から暗号技術の歴史について調べること．
3. パソコン通信の運営会社が準備しているアクセスポイントまで電話をかける（もちろんモデムを介して）ところに始まり，接続後の利用方法などについて調べる．

[第4章]

1. OSI 参照モデルのそれぞれの層の特徴などをまとめること．

2．各層が階層の1つ下と1つ上のインタフェースを持っていること，各層がそれぞれに決まった役割を持っていることなどから，別の階層の役割を「横取り」するのはどうか，ということについての考察をしてみる．

［第5章］

1．RFC のサイト（原文，和訳版）で提供されている HTTP の RFC を調べて，HTTP の特徴や目的などについてまとめること．

2．自宅等のネットワーク内で，自分のコンピュータ等で，プロバイダの DNS サーバや Web サーバなどの名前解決を行うこと．

3．5.3.5 項で説明した攻撃者による不正な DNS 応答をどうやってキャッシュサーバへ送るのか，それがポイントになる．

［第6章］

1．参考文献等を参照し，解答すること．

2．本文中で紹介した，INSERT，UPDATE などについての使用法を調査すること．

3．フォームデータの受け渡しを行うことができ，データベースとの連携機能を持つような言語等について調べて，その受け渡しの仕組みを解説すればよい．

［第7章］

1．コンピュータの OS の修正パッチなどが適用されているかどうか，コンピュータで使われているファイアウォールソフトウェアやアンチウイルスソフトウェアがどのようなもので，更新されているかどうか，などについて調査すること．

2．コンピュータウイルスのデータベースを調査すること．

［第8章］

1．ポート番号の割り当て状況について調べること．

2．本文中のウィンドウ制御法以外の方法について調査し，考察すること．

201

[第9章]

1．8ビットずつ10進数に変換しドットで結合すると，192.0.2.100となる．

2．24ビットの場合は256個，27ビットの場合は64個のアドレスを同一ネットワークで使用することができる．つまり，24ビットの場合は16/256=1/16, 27ビットの場合は16/64=1/4となり，27ビットの方が24ビットよりも4倍ほど使用効率がよくなる．

3．::を使うことができるのは1箇所のみであるので，fd00:2f8:003a:1100::1となる．

[第10章]

1．自宅等で利用しているプロバイダ等のDNSサーバやWebサーバまでの経路を調査すること．

2．Bまで：A→B，Cまで：A→C，Dまで：A→B→D，など．

3．通信したい宛先へたどり着けなくなったり，同じ経路をいつまでも巡回し続けたりするなどの問題が発生する．また，間違った経路情報を送り続けるネットワーク機器が存在することで，組織のネットワークだけでなく他の組織のネットワークにも通信障害を引き起こす可能性がある．

[第11章]

1．それぞれの場合について，理論値に基づいて計算すること．

2．単位時間あたりの通信量を測定すること．

[第12章]

1．false positive, false negativeの可能性があることから，通信を直ちに拒否するか，通知のみを行って通信は遮断しない，などの方法が取られることがある．それぞれの利点と欠点について論じること．

2．netstatコマンドの結果から，コネクションの状態等を調査すること．

[第13章]

1．特定のレガシーアプリケーションを示し，そのプロトコル上のメッセー

ジのやりとりや通信内容の保護策について検討し，問題点を発見すること．

2．多数のクライアントに対応できること，プロトコルの簡単さなどを中心に論ぜよ．

3．さまざまな SaaS，PaaS，IaaS の環境が存在することで，そのクラウドを構成するハードウェアやソフトウェア上のトラブルが複数のサービスに影響する可能性があること．また，さまざまな情報が集積されることに対するセキュリティ対策を強固なものにする必要があること，などを中心に論じること．

[第 14 章]

1．本文中のコンパイルコマンドを例にコンパイルし，実行すること．

2．「不適切なポート番号を使用する」とは，ウェルノウンポートのように，既に割り当てられているポート番号を作成したプログラムで使ってしまうことで，そのようなポート番号を使ってプログラムを作成した場合，サーバ側，クライアント側どちらにも問題が発生すると考えられる．その結果について確かめること．

[第 15 章]

1．アクセスログ等の取得がセキュリティポリシーで述べられていること，プロバイダ等もサービスの運用記録を残していること，などから，「どのコンピュータが」「いつ」「どこと接続していて」「何を」「どうしたか」という記録を追跡することができる．このことから，一般に言われているような匿名性はもはや存在しない，という結論や，しかしながら，悪意のある利用者や一般の利用者はログを残さないので，それ以上の追跡が不能になり，匿名性が保たれる，という結論もありうる．

2．ファイルが失われる，ハードディスクが壊れる，などの事故を考え，それを防止・回避，緩和できる対策を考えてみること．

参考文献

- 大藤幹, 半場方人 著『HTML&CSS&JavaScript 辞典 第 7 版』秀和システム, 2017.
- WINGS プロジェクト, 森山絵美, 風田伸之, 山田奈美, 高江賢 著『改訂 3 版 基礎 PHP』インプレスジャパン, 2010.
- 西沢直木 著『PHP による Web アプリケーションスーパーサンプル 第 2 版』ソフトバンククリエイティブ, 2009.
- Greg Hoglund, Gary McGraw 著, トップスタジオ 訳『セキュアソフトウェア』日経 BP, 2004.
- 喜多千草 著『インターネットの思想史』青土社, 2003.
- 小口正人 著『コンピュータネットワーク入門』サイエンス社, 2007.
- Simson Garfinkel, Gene Spafford 著, 山口英, 谷口功 訳『UNIX & インターネットセキュリティ 第 2 版』オライリー・ジャパン, 1998.
- 竹下隆史, 村山公保, 荒井透, 苅田幸雄 著『マスタリング TCP/IP 入門編 第 6 版』オーム社, 2019.
- W.Richard Stevens 著, 橘康雄, 井上尚司 訳『詳解 TCP/IP 〈Vol.1〉 プロトコル』ピアソンエデュケーション, 2000.
- Silvia Hagen 著, 市原英也, 豊沢聡 訳『IPv6 エッセンシャルズ 第 2 版』オライリー・ジャパン, 2007.
- 雪田修一 著『UNIX ネットワークプログラミング入門』技術評論社, 2003.
- 萩野純一郎 著, 小川彩子 訳『IPv6 ネットワークプログラミング』アスキー, 2003.
- IRI・ユビキタス研究所 著『マスタリング TCP/IP IPv6 編』オーム社, 2005.
- 小川晃通 著『プロフェッショナル IPv6』ラムダノート, 2018.
- マルチメディア通信研究会 編『インターネット RFC 事典』アスキー, 1998.
- 笠野英松 著『インターネット RFC 事典 増補版』アスキー, 2002 年.
- 久米原栄 著『TCP/IP セキュリティーシステムアタックを防御するネットワークの構築と管理』ソフトバンククリエイティブ, 2000.
- ステファン・ノースカット, ジュディ・ノバク 著, 矢野博之, エクストランス 訳『ネットワーク不正侵入検知』翔泳社, 2001.
- 日経 BP 社出版局編『クラウド大全－サービス詳細から基盤技術まで－』日経 BP 社, 2009 年.
- Internet Engineering Task Force: http://www.ietf.org/
- Internet Assigned Numbers Authority: http://www.iana.org/

索 引

著者紹介

小林 孝史 （こばやし たかし）

1994年3月関西大学大学院工学研究科博士課程前期課程電子工学専攻修了．関西大学総合情報学部の開設準備に関わり，同年4月関西大学総合情報学部に助手として着任．以来，学部の実習用システム，キャンパスネットワーク等の管理運営に携わる．同大学専任講師，助教授を経て，2007年より准教授．

主に，コンピュータ・セキュリティ，ネットワーク・セキュリティに関する研究開発に従事している．2002年10月より高槻市電子自治体推進員，2009年より高槻市 CIO 補佐官を兼任．

電子情報通信学会，人工知能学会，日本計算工学会 会員．

2011 年 2 月 25 日	初版 第 1 刷発行
2017 年 9 月 19 日	改訂版 第 1 刷発行
2021 年 8 月 30 日	第 2 版 第 1 刷発行

コンピュータ・ネットワーク入門 [第2版]

著　者　小林孝史　©2021
発行者　橋本豪夫
発行所　ムイスリ出版株式会社

〒169-0075
東京都新宿区高田馬場 4-2-9
Tel.03-3362-9241(代表)　Fax.03-3362-9145
振替 00110-2-102907

ISBN978-4-89641-305-2　C3055